U0197668

国家科技进步奖获奖丛书

物理改变世界

修订版

物质探微
从电子到夸克

From Electrons to Quarks

陆 埮 罗辽复 著

科学出版社

北京

内 容 简 介

粒子物理学是人类认识世界的重要手段，先后有 50 多人凭借在此领域的贡献获得了 30 多项诺贝尔奖，这在诺贝尔奖的历史上是绝无仅有的。

本书通俗地阐述了粒子物理的基本知识，详细讨论了主要常见粒子如电子、光子、质子、中子、反粒子、中微子、共振子等乃至比较特殊的 J/ψ 等粒子的发现，生动描述了宇称不守恒、夸克模型及认识逐步走向统一的探索故事，特别是诺贝尔奖成果及其他重大发现或进展。还特别重点阐述了夸克在天文学和天体物理学上的应用，特别是关于奇异夸克星的探索和研究。全书内容丰富、生动有趣、适合高等院校师生、中学教师、科技工作者、以及科学爱好者阅读。

图书在版编目（CIP）数据

物质探微：从电子到夸克 / 陆埮，罗辽复著.—北京：科学出版社，2016.4
　（物理改变世界）
　ISBN 978-7-03-047726-2

　Ⅰ．①物… Ⅱ．①陆…②罗… Ⅲ．①粒子物理学－普及读物 Ⅳ．①O572.2-49

中国版本图书馆 CIP 数据核字（2016）第 050624 号

责任编辑：姜淑华　侯俊琳　田慧莹 / 责任校对：李　影
责任印制：赵　博 / 整体设计：黄华斌

科 学 出 版 社 出版
北京东黄城根北街 16 号
邮政编码：100717
http://www.sciencep.com
北京虎彩文化传播有限公司 印刷
科学出版社发行　各地新华书店经销

*

2016 年 4 月第 二 版　开本：720×1000　1/16
2024 年 1 月第八次印刷　印张：12 1/2　插页：4
字数：161 000
定价：48.00 元

（如有印装质量问题，我社负责调换）

汤姆逊在实验室工作

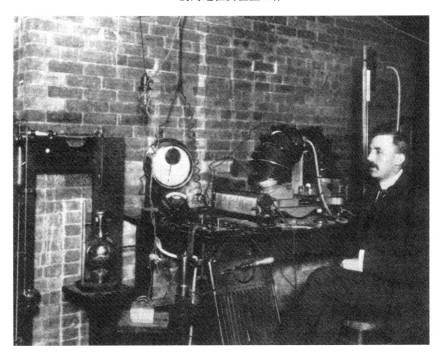

卢瑟福在实验室工作

天坛的对称结构

花卉盆景的对称结构

印度泰姬陵的对称结构

荷兰画家埃舍尔
的骑士图

8 位诺贝尔奖获得者
左 2 为杨振宁
左 4 为李政道

图 1.11　1927 年索尔维（Solvay）会议照片

①Erwin Schrödinger ②Louis de Broglie ③Werner Heisenberg ④Max Planck ⑤H.A.Lorentz
⑥Einstein ⑦Max Born ⑧Niels Bohr

本书作者（左2陆埈，右2罗辽复）与杨振宁教授合影，
左1杨国琛，右1许伯威

本书作者之一陆埈与吴健雄教授合影于美国哥伦比亚大学
普平物理楼前

本书作者（左2罗辽复，左3陆埈）与李政道教授合影，
左1戴光曦，左4王凡，右2许伯威，右1杨国琛

丛书修订版前言

　　"物理改变世界"丛书由冯端、郝柏林、于渌、陆埮、章立源等著名物理学家精心创作，2005 年 7 月出版后受到社会各界广泛好评，并于 2007 年一举荣获国家科学技术进步奖，帮助我社首次获此殊荣。丛书还多次重印，在海内外产生了广泛的影响，成为双效益科普图书的典范。

　　物理学是最重要的基础科学，诸多物理学成就极大地丰富了人们对世界的认知，有力地推动了人类文明的进步和经济社会的发展。丛书将物理学知识与历史、艺术、思想及科学精神融会贯通，受到科技工作者和大众读者的高度评价，近年库存不足后有不少读者通过各种方式表达了对再版的期待。

　　在各位作者的大力支持下，本次再版对部分内容进行了更新和修订，丛书在内容和形式上都更加完善，也能更好地传承这些物理学大师博学厚德、严谨求真的精神，希望有越来越多的年轻人热爱科学，努力用科学改变世界，创造人类更加美好的未来。

　　同时，我们也以此纪念和告慰已经离开我们的陆埮院士。

编者

2016 年 3 月

丛 书 序

20 世纪是科技创新的世纪。

世纪上叶，物理界出现了前所未见的观念和思潮，为现代科学的发展打下了坚实的基础。接着，一波又一波的科技突破，全面改造了经济、文化和社会，把世界推进了崭新的时代。进入 21 世纪，科技发展的势头有增无减，无穷尽的新知识正在静候着青年们去追求、发现和运用。

早在 1978 年——我国改革开放起步之际，一些老一辈的物理学家就看到"科教兴国"的必然性。他们深知科技力量的建立必须来自各方各面，不能单靠少数精英。再说，精英本身产生于高素质的温床。群众的知识面要广、教育水平高，才会不断出现拔尖的人才。科普读物的重要性不言而喻。"物理学基础知识丛书"的编辑和出版，是在这种共识下发动的。当时在一群老前辈跟前还是"小伙子"的我，虽然身在美国，但是经常回来与科学院的同事们交往、切磋，感受到老前辈们高尚的风格和无私的热情，也就斗胆参加了他们的队伍。

一瞬间，27 年就这样过去了。这 27 年来，我国出现了惊人的、可喜的变迁，用"天翻地覆"来形容，并不过甚。虽然老一辈的物理学家已经退的退了、走的走了，他们当时的共识却深入人心。科学的地位在很多领域里达到了高峰；科普的重要性更加显著。可是在新的经济形势下，愿意投入心血撰写科普读物的在职教授专家，看来反而少了。或许"物理改变世界"这套修订再版的丛书，能够为青年学子和社会人士——包括政界、工商界、文化界的决策层——

提供一些扎实而有趣的参考读物，重燃科普的当年火头。

2005 年是"世界物理年"。低头想想，我们这个 13 亿人口的大国，为现代物理所做的贡献，实在不算很多。归根结底还是群众的科学底子太薄;而经济起飞当前，不少有识之士又过分急功近利。或许在这当儿发行一些高质量的科普读物能够加强公众对物理的认识，从而激励对基础科学的热情。

这一次在"物理改变世界"名下发行的 5 本书，是编辑们从 22 种"物理学基础知识丛书"里精选出来的，可以说是代表了"物理学基础知识丛书"作者和编委的心声。于渌、郝柏林、冯端、陆埮等都是当年常见的好朋友。见其文如见其人，我在急促期待中再次阅读了他们的大作，重温了多年来给行政工作淹没几尽的物理知识。

这一批应该只是个开端。但愿"物理改变世界"得到年轻一代的支持、推动和参与，在为国为民为专业的情怀下，书种越出越多，内容越写越好。

吴家玮

香港科技大学创校校长

2005 年 6 月

再 版 前 言

　　本书 2005 版后的 9 年中粒子物理又有了新的重要进展，其中包括 2012 年希格斯粒子的实验发现。2008 年和 2013 年两次诺贝尔物理奖分别授予了粒子物理的自发破缺对称性机制和基本粒子质量生成机制的发现，这也是本书必须向读者介绍的标志性事件。趁此再版机会，我们对本书做了一些增补和修改。主要的增补是：第八章"走向统一"中改写了"杨-米尔斯场"并增加了"对称性的自发破缺和质量起源"一节，同时在这章中增加了"希格斯场与上帝粒子"一节。另第四章"镜子里的世界"中增加了一节"生命的左右不对称性"。再版中我们也更新了原书中若干基本粒子（夸克、轻子、规范粒子等）的实验数据。

　　正当本书作者商讨并着手进行再版修改时，不幸陆埈罹病，短期内不能继续工作，故这次修改只好由我来完成了。

罗辽复

2014 年 11 月

初 版 前 言

　　本书原是中国物理学会和科学出版社共同主持的，由科学出版社出版的"物理学基础知识丛书"中的一本，初版于1986年，这次2005年再版作了较多修改和增补。

　　粒子物理是在原子核物理的基础上进一步发展起来的。20世纪三四十年代是它的初创时期，五六十年代蓬勃发展，高潮迭起。粒子物理的理论框架规范场论已经提出，宇称不守恒的发现导致弱作用物理获得突破，大量强子已经发现，粒子分类已初具规模。随后，粒子物理便趋于成熟。本书初版时，粒子物理的发展刚过高峰时期，主要的标志性事件是：

　　一方面，粒子物理的标准模型已经建立，特别是弱作用和电磁作用的统一已经完成，强作用的理论框架（量子色动力学）已经给出，大批量新粒子的发现浪潮也已趋平稳。在一次宴会即将结束的时候，杨振宁曾说了一句"The party is over"。一般认为这是一句双关语：既表示宴会要闭幕了，又表示粒子物理发展的高潮已过。

　　另一方面，要进一步发展粒子物理，必须大幅提高加速器的能量。但是，要完成这个任务，几乎已经到了一个国家经济上难以承受的地步。1987年美国总统里根批准建造的"超导超级对撞机"，在已经花了20亿美元，挖了14英里隧道并进行了多年建造工程之后，1993年美国国会还是决定停建，就是一个标志性的事例。这也给了杨振宁的那句话一个诠释。

　　在这个大形势下，不少粒子物理学家纷纷改行，转到别的领域。其中不少人转到了天体物理。原因在于，虽然人工获取越来越高粒子能量的途径（建造超高能加速器）已经难以继续，但在天体条件下却存在着不少适于超高能粒子过程出现的环境。如所周知，在粒子物理发展的初期，人工产生高能粒子的工具（加速器）还没有问世，或者虽已能建造但能量还不够高，这时主要就利用了来自宇宙空间的宇宙射线粒子作为高能粒子源。高能加速器问世后，丰富的人工制造的高能粒子源就取代了稀少的宇宙射线粒子源，为粒子物理的蓬勃发展立下了汗马功劳。但在人工无法得到更高能量粒子的时候，人们再一次向宇宙空间去索取。不过，这一次不仅仅作为粒子源去索取，由于宇宙、天体的演化本身包含有丰富的高能粒子过程，粒子物理的研究可以直接从天体物理和宇宙学的研究中获取信息。

虽然粒子物理发展的高潮已过，但许多理论、概念、发现等等还是在以后的岁月里继续得到检验、证实和完善。因此，在高潮过后的年代里，粒子物理领域依然有 16 人获得了 7 项诺贝尔物理奖，项目包括 μ 中微子的发现（1988，L.M.Lederman，M.Schwartz，J.Steinberger）、电子核子深度非弹性散射的研究（1990，J.I.Friedman，H.W.Kendall，R.E.Taylor）、多丝正比室的发明（1992，G.Charpak）、τ 轻子和 e 中微子的发现（1995，M.L.Perl，F.Reines）、弱电作用量子结构的阐明（1999，G.t Hooft，M.J.G.Veltman）、太阳中微子和宇宙中微子的观测发现（2002，R.Davis Jr，M.Koshiba）以及强作用理论的渐近自由的发现（2004，D.J.Gross，H.D.Politzer，F.Wilczek）。不过，基本上都是奖励高潮的年代（主要是 20 世纪六七十年代）里所做的工作。当然，在高潮过后的年代里，粒子物理还是有一些重要的工作，比如，顶夸克就是在这期间被发现的。

鉴于这些情况，这次再版，我们主要作了如下一些修改：

将粒子物理的数据全部作了更新；

添加了若干重要的新进展；

添加了有关诺贝尔奖的获奖情况；

　　增写了关于夸克应用到天体物理中去的新的一章，特别是阐述了奇异夸克星的研究进展。

　　通常的粒子物理是研究单个粒子之间的相互作用规律的。当许多粒子集合在一起的时候，粒子与粒子之间的作用是否会有新的性质?如所周知，即使在原子核密度时，它所表现的仍是核子之间的作用。按照渐近自由，密度再增高几倍，核物质就会退禁闭而变成夸克物质。因此，不少实验室（比如欧洲核子研究中心（CERN））就用高能重离子加速器来研究重原子核（如铀）之间的对撞，用以造成很高的密度，试图发现夸克物质。与此同时，在天体物理领域，中子星的核心部分可以存在甚至比原子核高一个量级的密度，有存在夸克物质的可能。E.Witten（1984）甚至提出存在完全由夸克物质组成的星体，即夸克星（奇异星）。因此，重离子对撞和奇异星观测就成为两种寻找夸克物质的可行途径。这实际上已经不是单纯的粒子物理，而是涉及夸克的粒子物理、核物理和天体物理的交叉学科。增写新的一章就是想讨论这个交叉学科研究中涉及夸克的一些问题。

陆 埮　罗辽复

2005 年 5 月

目 录

丛书修订版前言 / i

丛书序 / iii

再版前言 / v

初版前言 / vii

第一章 建造物质大厦的砖石 / 1

分子·原子·粒子 / 1

人类发现的第一个基本粒子——电子 / 3

人类发现的第二个基本粒子——光子 / 6

又是波、又是粒子 / 9

放射性现象 / 11

原子模型 / 12

角动量也是量子化的 / 16

不相容原理 / 18

原子核是基本粒子吗? / 19

建造物质大厦的砖石 / 22

第二章 粒子物理学的降生 / 25

有负质量粒子吗? / 25

粒子世界的半边天 / 26

β衰变的能量失窃案 / 31

中微子的归案 / 34

理论预言了π介子 / 37

寻找 π 介子 / 39

神秘的 μ 子 / 39

π 介子真的找到了 / 42

第二类中微子——$\nu_\mu \neq \nu_e$ / 44

粒子物理学成为一门独立的学科 / 45

世界上总共只有四种力 / 46

粒子有四大类 / 47

粒子过程的形象化表示——费曼图 / 49

第三章　一批不速之客——奇异粒子 / 52

一批不速之客 / 52

不速之客的标记——奇异数 / 54

奇中奇——中性 K 介子 / 58

第四章　镜子里的世界 / 61

对称与守恒 / 61

镜像与宇称 / 64

弱作用中宇称守恒吗？ / 67

吴健雄的实验 / 69

空间真的左右不对称吗？ / 71

反粒子才是粒子在镜子里的像？ / 73

左旋中微子 / 75

CP 仍有点不守恒 / 76

时间反演也有点不对称 / 78

有磁荷吗？ / 79

生命的左右不对称性 / 79

第五章　短命粒子——共振子 / 81

这么短的寿命怎么测量？ / 81

最早观测到的共振子 / 82

共振子的大量涌现 / 83

共振子的电磁衰变 / 87

第六章　到粒子内部去 / 89

强子结构的最初探索 / 89

坂田模型 / 90

八重态与十重态 / 91

粒子中的"冥王星" / 92

夸克——一个奇怪的名字 / 96

强子由夸克组成 / 99

夸克有"色"又有"味" / 102

色是强作用的根源 / 103

从夸克角度看粒子过程 / 105

再做"油滴"实验 / 107

卢瑟福实验的翻版 / 108

喷注——部分子的影子 / 110

通力合作 / 112

第七章　J/Ψ 揭开了新的序幕 / 114

J/Ψ 的轰动 / 114

J/Ψ 究竟是什么粒子? / 117

两类实验 / 120

粲"原子" / 122

带粲数的强子 / 123

"美丽"和"真理" / 126

"真理"终于被发现 / 127

轻子家族也添了新成员 / 128

轻子和夸克的三个世代 / 130

第八章　走向统一 / 131

统一理论的历史回顾 / 131

四种作用的比较 / 132

杨-米尔斯场 / 133

对称性的自发破缺和质量起源 / 136

究竟有没有传递弱作用的粒子? / 140

弱矢量流守恒 / 141

奇异数守恒与奇异数不守恒弱作用的统一描述 / 143

中微子质量与中微子振荡 / 145

弱作用和电磁作用的统一 / 146

希格斯场与上帝粒子 / 150

强作用的渐近自由和夸克禁闭 / 152

弱、电、强三者的大统一 / 154

粒子世界，知也无涯 / 158

第九章 天上的夸克 / 160

巨大的"原子核"与巨大的"原子" / 160

怎样发现中子星? / 163

存在夸克物质组成的恒星吗? / 165

奇异物质的动力学性质 / 166

奇异星的自转可以比中子星更快 / 168

一个错误的"发现"促进了奇异星物理的发展 / 168

奇异星比中子星更密、更小? / 169

中子星如何向奇异星转变? / 171

裸奇异星 / 172

带壳的奇异星 / 173

奇异星与奇异矮星 / 174

奇异星的热效应 / 175

相变与爆发过程 / 176

宇宙演化中的夸克 / 178

后记 / 179

第一章
建造物质大厦的砖石

分子·原子·粒子

我们日常所见的任何东西，总是由更小的东西组成的。一幢高楼大厦由砖、石、水泥等建筑材料构成；一架电视机由电阻、电容、晶体管等电子元件组装而成；一本书由一页一页纸装订而成……。但是，砖、石、纸、电阻……，这些仍然是由更小的东西构成的。现在大家都已知道，各种物质都是由分子构成的。分子是表征物质特性的最小单元。说得更确切些，分子是各种物质保持其化学性质的基本单元。以水为例，一桶水、一杯水或者一滴水，它们都具有完全相同的化学性质。一滴水还可以继续分割，一直分割到水分子，仍然可以保持水的基本化学性质不变。

当然，水分子还可以继续分割。事实上，一个水分子是由两个氢原子和一个氧原子组成的，化学上通常记为 H_2O，H 表示氢元素或氢原子，O 表示氧元素或氧原子。但是，无论氢原子或者氧原子或者它们的混合物，都不再具有任何水的化学性质。

世界万物均由分子构成，分子又由原子构成。每一种原子对应一种化学元素。比如，氢原子对应氢元素，氧原子对应氧元素等。现在，包括人工制造的不稳定元素在内，人们已经知道有一百多种元素了。这些元素都由相应的原子组成。原子是化学元素的最

水

小单元。这些在百余年前已为人们所知道，不过那时原子、分子在人们的脑海里还只有一个模糊的概念，更不用说原子本身又是由什么东西构成的了。

"基本粒子"，按其原意是构成世界万物的不能再分割的最小单元。这其实只是一种历史概念。随着认识的不断深化，这种概念本身也在演变。当初，"原子"这个概念，也是指构成世界万物的最终单元。但是，时至今日，已没有人再认为原子不能再分割了。"最小单元"这个概念就不得不转移到下一个层次去。"基本粒子"一词也就应运而生。当然，本书所用"基本粒子"一词，并非说它永远不能再分割，而只是指直到现在还未被进一步分割的物质单元，尽管已有种种迹象表明它仍然有其更深的结构。为了叙述的方便，"基本粒子"更常被简称为"粒子"。

人类发现的第一个基本粒子——电子

19 世纪末（1897 年），汤姆逊（J.J.Thomson）发现了电子，这是人类认识的第一个基本粒子，他因此而获得 1906 年度的诺贝尔物理奖。图 1.1 所示是汤姆逊在实验室工作（也见文前彩图）。

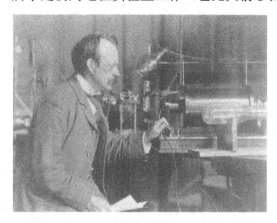

图 1.1　汤姆逊在实验室工作

（取自 Curt Suplee，《Physics in the 20th Century》一书，1999）

1897 年第一个粒子的发现

汤姆逊发现电子的时候，人们已经知道存在着基本的电荷单位。早在 6 年以前，斯东尼（G.J.Stoney）甚至已经起了"电子"这个名字，用来代表基本的电荷单元。但是，那时人们并不清楚这种基本电荷的实体究竟是什么。当时斯东尼曾声称：每一个原子至少必须包含两个电子，一个为正，一个为负，因为原子本身是电中性的。实际上，当时人们知道的荷电实体还只是正离子和负离子。

汤姆逊是在研究阴极射线时发现电子的。早在 1876 年，戈德斯坦（E.Goldstein）在研究真空放电时就曾发现有一种射线从真空管内的负极上射出来，并且称之为阴极射线。克鲁克斯（W.Crookes）进一步研究了磁场对阴极射线的影响，发现它会受到磁场的偏转，因而证明了阴极射线是一种带电粒子束。但是，这些究竟是什么样的带电粒子呢？要确切地回答这个问题，就必须实地测量一下这种阴极射线粒子的质量。

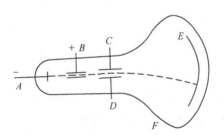

图 1.2　汤姆逊实验所用真空管示意图

著名的汤姆逊实验的思想十分简单，可用图 1.2 来说明。图中 *F* 为真空管，*A* 为阴极，*B* 为阳极，阳极上有准直孔，阴极射线从阴极发出，加速射向阳极，通过准直孔飞向荧光屏 *E*，在其上打出光点来。在汤姆逊的实验中，他首先把真空管放置在磁场（磁场垂直于图面）中，使阴极射线受到磁场的偏转后打上荧光屏。显然，粒子电荷愈大，偏转也愈大；而其质量愈大，则偏转就愈小。如果射线粒子的速度已知，就可以根据光点偏离平衡位置的大小确定它的电荷与质量之比（*e*/*m*）。至于射线粒子的速度，汤姆逊是这样测定的：他在

C、D 上再加以电压，使 C、D 两平板间产生电场。带电粒子在电场
中运动也要受到偏转。调节电压大小，使电偏转与磁偏转相抵消，
屏上光点就保持在平衡位置上。利用电偏转与磁偏转对于粒子速度
的不同依赖关系，就可以测定粒子的速度。

汤姆逊测定的阴极射线荷质比（e/m）较之在电解过程中测定的
离子荷质比要大数千倍。难道阴极射线粒子的电荷为离子电荷的数
千倍，而且此倍数固定不变？这是难以设想的。唯一的自然解释是
阴极射线由一种质量比离子轻数千倍的带负电粒子组成。这就是汤
姆逊所发现的电子。根据近年来的精确测定，电子的电荷（$-e$）和
质量（m_e）分别为

$$e = 4.80320420（19）\times 10^{-10} 静电单位$$
$$= 1.602176462（63）\times 10^{-19} 库仑$$
$$m_e = 9.10938188（72）\times 10^{-28} 克$$

括号中的数字是末两位的误差。

一个重大的发现往往看起来容易，做起来难。汤姆逊的发现也
不例外。实际上，在汤姆逊本人的早期实验中就没有观察到阴极射
线受电场的偏转。主要的困难在于真空技术不发达，管中真空度还
不够高，阴极射线粒子在其行程上受到了管内残存气体多次碰撞的
干扰。只有在克服了真空技术上的困难以后，才成功地发现了电子。

人类发现的第二个基本粒子——光子

光，人类无时无刻不在与之打交道。人们天天看到它，从它取
得信息，并且高度评价它的作用。所谓"百闻不如一见"，说的就
是从光取得的信息较之从声取得的信息更胜百倍。但是，人类对于
光的本性的认识却经历了漫长的岁月。

约三百年前，牛顿根据光总是直线传播的事实，曾断言光是由
高速运动的微粒组成的，这就是著名的微粒说。稍后，惠更斯提出
了与牛顿学说相对立的波动说，认为光是一种波动。

这两种学说之间争论了一百多年。按照波动说，光线应当会呈现干涉和衍射现象；按照微粒说，则不会有这些现象。要判定究竟波动说对，还是微粒说对，关键在于是否能观察到这些现象。1801年，英国的杨（T.Young）果真观察到了光的干涉现象。1818年，法国的菲涅耳（A.Fresnel）又进而观察到了光的衍射现象。从而宣告了波动说的胜利，微粒说的失败。

整个 19 世纪是光的波动说兴旺发达的时期。波动说全盛的最高潮就是麦克斯韦电磁理论的建立。这个理论指出，光实质上是一种电磁波。作为一种波动，光应当用波长 λ 和频率 ν 来标志，它们与光速 c 之间有如下关系

$$\nu\lambda = c = 2.99792458\times10^8 \text{米/秒} \tag{1.1}$$

通过光谱学的发展，人们对各种光的波长作了十分精密的测量。早在 1893 年，迈克耳孙（A.A.Michelson，因精确计量和光谱研究而获得 1907 年度的诺贝尔物理奖。）就曾十分精确地测量过镉（Cd）原子光谱中红谱线的波长，其值为

$$\lambda_{Cd} = \frac{1}{1,553,164} \text{米}$$

光谱线波长的精确测量曾经作为发现新元素的有力工具起过十分巨大的作用。这个波长的精确测量值曾被用作长度的基准，即 1 米等于 λ_{Cd} 的 1553164 倍。由于光速 c 具有更基本的物理意义，又测得更准，现在已将（1.1）式的光速值作为计量标准，因此它已成为一个定义的量，一个不再有任何误差的量，长度单位米被定义为（10^{-8}/2.99792458）秒内光在真空中传播的距离。

随着电子的被发现，人们注意到，当用紫外线照射金属时，金属表面上会飞出一些电子来，这就是所谓光电效应。从对飞出电子的能量 E_e 所做的测量，发现增强紫外线的强度不会改变飞出电子的能量；而增大光（紫外线）的频率，却可以显著增大电子的能量。

这个现象用光的波动学说是完全无法解释的。1905 年，爱因斯坦利用五年前普朗克提出的量子概念，得出了光的"新微粒论"，认为光是由微粒（即光子）组成的，每个光子的能量为

$$E = h\nu \qquad (1.2)$$

其中 h 为普朗克常数，

$$h = 2\pi\hbar$$

$$\hbar = 1.054571596（82）\times 10^{-34} 焦耳·秒$$

他认为光电效应是金属内一个电子吸收一个光子后飞离金属表面的过程。这个学说十分简洁，它完满地解释了波动说所无法解释的事实：影响飞出电子能量的是照射光的频率而不是它的强度。光电效应清晰地显示了光的粒子性。光子作为一种粒子，是人类发现的第二个基本粒子。爱因斯坦（图 1.3）就因为发现光电效应定律而获得 1921 年度的诺贝尔物理奖。

图 1.3　爱因斯坦

如果光子是一种真正的粒子，那么它不仅具有能量，还应具有动量。爱因斯坦根据相对论的要求，证明光子的动量值 p 与波长 λ 有如下关系

$$p = \frac{h}{\lambda} \qquad\qquad (1.3)$$

动量是一个矢量，指向光的传播方向。一个光子与一个静止的电子相碰撞，碰撞后电子将获得动量，因而光子将不仅改变方向，还将改变动量值，从而改变波长。1923 年开始，康普顿（A.H.Compton）和吴有训用 X 射线（一种波长很短的光）照射各种物质，测量从物质上散射出来的 X 射线的波长。他们果真发现散射后 X 射线的波长变长了，并且不同方向散射出来的 X 射线的波长也不同。测量结果与用光子概念计算出来的完全一致。这个现象称为康普顿-吴有训效应，或者简称为康普顿效应。这个效应的发现进一步确证了光子概念的正确性。康普顿因发现这个效应而获得 1927 年度的诺贝尔物理奖。

又是波、又是粒子

光子概念的提出并不意味着牛顿微粒说的简单复活，也不意味着惠更斯波动说的彻底破产。看一看（1.2）和（1.3）两式就可以明白，光子实际上是粒子和波动两种概念相结合的产物。一方面，它看起来像粒子，具有一份一份的能量和动量，公式左边的 E 和 p 就是表示粒子特性的能量和动量；另一方面，它看起来又像波动，具有频率和波长，公式右边的 ν 和 λ 就是表示波动特性的频率和波长。这种既像粒子又像波动的特性，物理学中叫做二象性。

实际上，这种二象性不仅光子有，而且一切粒子也均有。可以说，对于任何粒子，均有相应的波动性，称为德布洛意波，（1.2）和（1.3）也同样成立。德布洛意（L.de Broglie）就因为首先从理论上预言电子的波动性而获得 1929 年度的诺贝尔物理奖。不过，对于静质量不为 0 的粒子，比如电子，质量会随着运动速度而变，按照相对论

$$m_v = \frac{m}{\sqrt{1 - v^2/c^2}} \qquad (1.4)$$

m_v 是速度为 v 时的质量。通常所说的粒子质量指其静止时的质量，即 m，而粒子动量 p 和能量 E 分别为

$$p = m_v v$$

和

$$E = m_v c^2 \qquad (1.5)$$

（1.5）就是著名的爱因斯坦质能关系式。这时动量与能量间的关系为

$$E^2 = p^2 c^2 + m^2 c^4 \qquad (1.6)$$

光子是电磁波（电磁辐射）的量子，可以有各种波长（各种能量），从波长很长（即能量很低）的无线电波，直到波长很短（即能量很高）的 X 射线、γ 射线，如图 1.4 所示。图 1.4 中，eV 表示"电子伏"，是一种能量单位，即一个电子通过 1 伏电位差所获得的能量。它与通常的能量单位"焦耳"之间有如下关系

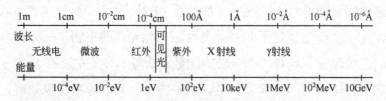

图 1.4　电磁波的波长与光子能量

1eV（电子伏）=1.602176462（63）×10^{-19}J，

1keV（千电子伏）=10^{3}eV，

1MeV（兆电子伏）=10^{6}eV，

1GeV（千兆电子伏）=10^{9}eV。

图中 Å 是一种长度单位，即

$$1\text{Å} = 10^{-10} \text{ 米}。$$

由于质量乘以光速平方就是相应的能量（爱因斯坦关系（1.5）式），所以，在粒子物理中，通常也用能量单位来表示粒子的质量。比如

电子质量也可表示为 0.510998902（21）MeV/c^2。

放射性现象

　　在汤姆逊发现电子的前夕，物理学中有两个重大发现。1895
年，伦琴（W.C.Röntgen）发现了一种新射线，称为伦琴射线，这
一发现使他成为诺贝尔物理奖的第一个获奖人（1901）。伦琴射线
也就是 X 射线，是一种波长较短的光子束。1896 年，贝克勒
（H.Becquerel）发现了天然放射性现象。天然放射性是指自然界存
在的元素中有一些（如镭、钍等）能放射出射线的现象。将天然放
射性元素放在磁场中，可以发现射线有三种。一种不受磁场影响，
它是类似于伦琴射线但波长更短的光子束，称为 γ 射线。另两种在
磁场内向相反方向偏转，表明它们是两种不同电荷的成分，如图 1.5
所示。带负电的成分被证认为电子，称为 β 射线。带正电的成分在
磁场中的偏转要比 β 粒子小得多，它是远比电子重的粒子，称为 α
射线。α 粒子其实就是氦原子核，并不是基本粒子。贝克勒因为发
现天然放射性现象而与居里夫妇（P.Curie 和 M.Curie）合得 1903
年度的诺贝尔物理奖。

图 1.5　三种射线示意图

不同元素放射出射线粒子的能量也不同，但大多在 1 兆电子伏量级（对于 α 粒子，这能量是指动能）。对于这样高能量的粒子，在 20 世纪初，天然放射性要算是唯一可供利用的射线源了。

原 子 模 型

由于电子质量极小，它必然是一种比原子更小的粒子。最自然的一种猜想是，可能电子就是原子的一个组成部分。但是，原子整体是电中性的，因而原子内除了电子以外必然还有正电荷物质，而且极大部分原子质量应当在正电荷成分上。汤姆逊本人就曾设想过一个原子模型，将原子比做葡萄干面包，电子好比葡萄干，嵌在均匀分布的球状正电荷物质内。这就是所谓汤姆逊原子模型。汤姆逊曾带领学生详细研究过这个模型，分析过电子在正电荷物质内的平衡分布情况，计算过电子在其平衡位置附近作微振动时所能辐射的光谱谱线的波长……

为了弄清楚原子的具体结构，1911 年，英国物理学家卢瑟福（E.Rutherford）等人用 α 射线粒子作"炮弹"去轰击金属箔制的靶子，观察从各个方向散射出来的 α 粒子数。出乎意料之外，竟有并不很少的 α 粒子在偏离原方向相当大的角度 θ（甚至还有的从相反方向）散射出来。由于 α 粒子比电子重七千多倍，犹如一个高速运动的铅球去撞击乒乓球，α 粒子与电子碰撞不可能产生这样大角度的偏转。α 粒子通过汤姆逊原子模型的均匀分布正电荷物质时，也不应该产生大角度的偏转，其原因十分简单。设想 α 粒子从正电荷物质边缘掠过，由于正电荷球体有较大的半径，α 粒子受到的库仑力较小，不可能引起大角度偏转（如图 1.7 中之 a）。如果 α 粒子穿入原子，如图 1.7 中之 b，虽然离正电荷中心的距离小了，但能起作用的有效正电荷也小了，库仑力仍是小的，也不可能引起大角度偏转。如果 α 粒子对准原子中心撞去，如图 1.7 中之 c，有效正电荷变为 0，α 粒子更无偏转地直穿过去。

图 1.6　卢瑟福用 α 粒子去轰击靶子

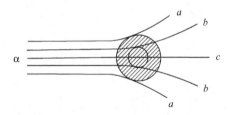

图 1.7　α 粒子被正电荷均匀分布的球体散射的示意图

可见，无论原子中的电子，或者其正电荷物质，在汤姆逊模型中均不可能引起 α 粒子的大角度偏转，更无法解释 α 粒子的反向散射。因此，卢瑟福实验明确证明了正电荷不是分散分布在一个较大的球体内而是集中在一个很小（几乎是点状）的核心上（如图 1.8）。这个核心就称为原子核。卢瑟福（图 1.9，也见彩图插页）发现原子核实在是物理学史上的一件大事，以致许多人均误认为卢瑟福因此而获得了诺贝尔物理奖。其实，卢瑟福从没有获得过诺贝尔物理奖，他是在 1908 年，在发现原子核的三年以前早已经因为对放射性的研究而获得了诺贝尔化学奖。

原子核很重，原子的极大部分质量都集中在核内。原子核又很小，比原子小得多，原子的大小是由电子所占的空间范围来表征的。

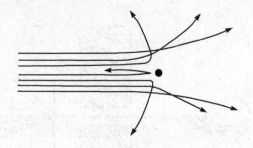

图 1.8　α 粒子被点状正电荷散射的示意图

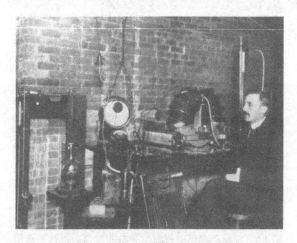

图 1.9　卢瑟福在实验室工作（1905）

（此照片取自赛格瑞（E.Segrè）所著《从 X 射线到夸克》，1980）

但是，电子与原子核之间有库仑引力，电子只有不停地绕核运行，才能保持不被原子核吸引过去。这个情况有点类似于地球绕太阳的运行。因此，原子可以设想为由很重的带正电原子核与遥远地（相对于原子核半径来说）绕核运行的若干很轻的电子所组成。外层电子运行轨道的半径就代表原子的大小。这就是卢瑟福的原子模型（如图 1.10）。如果把氢原子核比做太阳（太阳半径 $\approx 7 \times 10^5$ 公里），那么电子还在比地球（地球与太阳的距离 $\approx 1.5 \times 10^8$ 公里）更远数百倍的地方！要知道，原子的大小（半径）在 10^{-8} 厘米量级，而原子核的大小（半径）在 10^{-13} 厘米量级，二者相差很远。可见，原子内是十分空旷的。在一块固体内，各个原子几乎一个挨一个地排列着，原子与原子之间已无甚空隙，而每个原子内部却空旷得惊人。

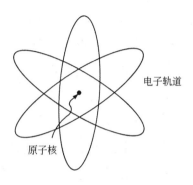

图 1.10　原子模型

但是，电子是带电的，电子绕原子核运行会辐射出电磁波而不断失去能量。其结果是电子将逐渐缩小轨道，最终将落到原子核上。严重的是，按照经典电磁理论，电子从原子尺度收缩到原子核尺度（落在核上）只需约 10^{-12} 秒。因此，这种简单的类太阳系原子模型至少有两点与实验严重不符。其一，实际原子是稳定的，从未观察到过缩成原子核大小的原子；其二，如果电子逐渐缩小其轨道，辐射的光谱应是连续谱，而实际观察到的原子光谱总是线状谱（波长确定）。

1913 年，玻尔（N.Bohr）从实验事实出发，改进了卢瑟福的原子模型。玻尔假设电子只能在原子内一些特定的稳定轨道上运行，并且在这些轨道上运行时电子不辐射能量。一个轨道对应于一个能量值。因此，电子在原子内不能具有任意能量，只能具有特定的能量。能量不是连续的，而是分立的。这种分立的能量称为能级。玻尔又假定，当电子从较高能级（能量为 E_1）跳到较低能级（能量为 E_2）时，会放出一个能量为

$$h\nu = (E_1 - E_2) \tag{1.7}$$

的光子；或者电子吸收一个能量为 $h\nu$ 的光子从能级 E_2 跃迁到能级 E_1。ν 为光子的频率。这个改进了的卢瑟福模型通常称为玻尔模型。玻尔因为研究原子结构而获得1922年度的诺贝尔物理奖。

在1926年量子力学（在量子力学的发展过程中，索尔维（Solvay）会议是十分重要的会议，图1.11为1927年的索尔维会议照片，许多大物理学家都出席了那次会议（也见彩图插页）。建立以后，"轨道"这种纯粒子性概念已失去意义，必须代之以用符合二象性要求的波函数 $\phi(r)$ 来描述电子在原子内的运动状态。人们不再能确切地知道电子在原子内的精确位置或明确轨道，而只能知道电子在原子内各处可能出现的几率，$|\phi(r)|^2$ 就描述这种几率分布。不过习惯上人们仍常常用"轨道"这个名词，只是不再指经典的轨道运动，而是指用波函数描述的量子状态。每一个量子状态具有确定的能量（处于一定能级上）。

图1.11 1927年索尔维（Solvay）会议照片

①Erwin Schrödinger ②Louis de Broglie ③Werner Heisenberg ④Max Planck
⑤H.A.Lorentz ⑥Einstein ⑦Max Born ⑧Niels Bohr

角动量也是量子化的

量子规律不仅表现于能量的量子化，出现分立的能级；而且还表现于角动量的量子化。电子绕原子核转动，就有角动量，叫做轨道角动量。电子本身还在自转，因而具有一种固有角动量，叫做自旋。角动量是个矢量，记为 $\boldsymbol{J}$，指向右旋方向（即以右手四指为转动方向时的大拇指方向，如图 1.12）。在经典物理中，角动量的大小可以取任意值，方向也可以任意取。但在量子物理中，角动量的大小和方向均不能任意，它们是量子化的。角动量的大小可以表示为

$$|\boldsymbol{J}| = \hbar \sqrt{J(J+1)} \qquad (1.8)$$

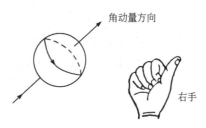

图 1.12　角动量方向

这里 J 只能取整数（包括零）或半整数。角动量在某一方向（比如 Z 轴）的投影可以表示为

$$J_z = M\hbar \qquad (1.9)$$

这里 M 只能取如下一些值

$$M = -J, \ -J+1, \ \cdots, \ J \qquad (1.10)$$

因此，人们只能知道角动量矢量在图 1.13 所示的一个锥面上，而不能知道在锥面上的确切位置（以 $J = 3/2$ 为例）。

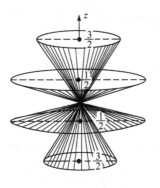

图 1.13　角动量的量子化

J 称为角动量量子数，有时也简称 J 为角动量。轨道角动量通常用 l 表示，l 只能取整数；自旋角动量通常用 s 表示，电子的自旋 s 为 1/2，光子的自旋 s 为 1。自旋 s 为粒子的一个基本性质。

角动量的加法非常特别。比如电子自转又绕核转，其总角动量就是轨道角动量和自旋的矢量和。又比如由两个粒子组成的体系，其总自旋就是两粒子自旋的矢量和。这里都涉及角动量的相加

$$j = j_1 + j_2$$

j_1、j_2 和 j 既都是角动量，就应遵循规则（1.8）、（1.9）、（1.10）。如果 j_1 和 j_2 的量子数分别为 j_1 和 j_2，那么，j 的量子数 j 只能取如下一些值

$$j = |j_2 - j_1|, \ |j_2 - j_1| + 1, \ \cdots, \ j_1 + j_2 \tag{1.11}$$

其投影则简单相加

$$m_j = m_{j_1} + m_{j_2} \tag{1.12}$$

不相容原理

一个能量最低（基态）的原子，其中所有电子应尽可能填充在

图 1.14　泡利不相容原理示意图

能量低的轨道上。但是，泡利证明，每一个轨道上最多只能有两个电子，一个自旋朝上（投影量子数 $m_s=+\frac{1}{2}$），一个自旋朝下（$m_s=-\frac{1}{2}$）（见图 1.14）。因此，基态原子内，电子总是从能量最低的轨道起，逐一地往上填，叫做泡利（W.Pauli）不相容原理。这个原理指出：包括自旋状态在内，不能有两个或两个以上的电子处在同一状态。泡利就因为提出这个不相容原理而获得 1945 年度的诺贝尔物理奖。

泡利原理是微观物理中十分重要的一条基本原理，对于所有自旋为半整数的粒子都成立。

原子核是基本粒子吗？

原子都是由电子和原子核构成。电子是基本粒子，原子核也是基本粒子吗？

学过一点化学的人都知道，决定元素的性质和元素在周期表中位置的原子序数 Z 就是原子内的电子数。但是，原子整体是电中性的，原子里有 Z 个电子，每个电子的电荷为-e，所以原子核的电荷必定是+Ze。可见，不同元素的原子核是不一样的，至少其电荷就不一样。实际上，其质量也是不一样的。由于电子电荷总是一份一份的，自然容易想到，原子核很可能也是由另一种带一份正电荷（+e）的粒子构成的。最轻的原子核（氢原子核）就只带有一份正电荷，那么，是否原子核就是由它们组成的呢？

事实上，早在 1816 年，英国物理学家普劳特（W.Prout）就曾提出过所有原子都由氢原子构成的设想。但是，他所指的还只是原子。发现原子核以后，人们就把普劳特的原始想法搬到原子核上来，设想所有原子核都由氢原子核构成。1919 年，卢瑟福用 α 粒子去轰击氮原子核，使它变成了氧原子核，同时放出一个氢原子核来。可见，氢原子核确实也是别的原子核的组成成分，是各种原子核内作为电荷单位的粒子，人们把它称为质子。精确的测量告诉我们，其质量为电子质量的 1836.1526675（39）倍。因此，一般原子核并不是基本粒子，只有氢原子核（质子）才是基本粒子，它是人类认识的第三个基本粒子。

奇怪的是，原子序数为 Z 的原子，其原子核的质量并不等于，甚至也不近似等于 Z 个质子的质量。前者往往为后者的两倍还多。这是什么道理呢？情况甚至更为复杂。从原子量来说，各种元素的原子量一般地还不是氢原子量的整数倍。比如，氢原子量为 1.0079，而氯原子量为 35.453，铜原子量为 63.54⋯⋯。这个疑问是通过同位素的发现而得到解决的。人们发现各种元素一般地还可以按质量再分成若干种，它们的化学性质相同，但原子量却不同，人们称它们为同位素。事实上，天然氢元素就有两种同位素，一种为普通的氢，另一种即为重氢（简称氘）。氘原子量几乎为氢原子量的两倍。天然铜也有两种同位素，原子量分别为氢原子量的 63 和 65 倍。可见，分出同位素后，各同位素的原子量就几乎为氢原子量的整数倍了。不过，铜的原子序数 $Z=29$，铜原子核的电荷只有相当于 29 个质子的电荷。为什么按质量而言铜的两种同位素分别相当于由 63 和 65 个质子组成，而按电荷而言它们又只应当包含有 29 个质子？

一种自然的想法是，假定原子核内除了质子以外还有电子，电子可以中和一部分质子的电荷。比如，原子量为 63 的那种铜的同位素，其原子核应当由 63 个质子和 34 个电子组成。1920 年，卢瑟福曾做过另一种设想，他设想原子核内存在着一种中性粒子，其质量与质子质量相近。他甚至还给这种中性粒子起了一个名字，叫中子。不过，那时还没有跳出老框子，他仍然把这种中性粒子看作是质子和电子的一种特殊结合体。

1930 年，玻特（M.Bothe）和贝克尔（H.Becker）用 α 粒子轰击铍原子核，发现有一种穿透本领十分惊人的射线射出来。当时，人们只知道三种射线，即 α、β、γ。穿透本领最大的是 γ 射线，因此人们猜想这种"铍射线"也是一种 γ 射线。两年以后，约里奥-居里夫妇重新研究了这种"铍射线"，用这种"铍射线"来轰击石蜡（一种碳氢化合物），结果发现这种射线能从石蜡中打出不少质子来。其行为完全不像 γ 射线，因为 γ 射线只能打出电子而不能打出质子来。

消息传到英国，工作于卡文迪什实验室的查德威克（J.Chadwick），深知卢瑟福的猜想，立刻想到这种铍射线可能就是中子。正是中子将石蜡里的质子撞击了出来。因为中子的质量与质子相近，一个高速运动的中子撞击质子可以有效地将大部分甚至几乎全部动能传递给质子，把它撞击出来。中子又不带电，它就可以具有十分巨大的穿透本领。于是，查德威克投入了紧张的实验研究，设法测定被击出的质子的动量和能量，从而推算出中子的质量。实验结果确实表明，中子的质量与质子十分接近。正是这一发现，使查德威克获得1935 年度的诺贝尔物理奖。

实验还表明，中子、质子和电子一样，也是自旋为 $\frac{1}{2}$ 的粒子。由两个 $\frac{1}{2}$ 自旋的粒子只可能组成自旋为 0 或 1，而不可能为 $\frac{1}{2}$（见（1.11）式）。因此，中子不可能由质子和电子组成，只能是另一种新的基本粒子。这是人类认识的第四个基本粒子。

中子的发现引起了物理学界的极大轰动，从而导致了一些重大问题的立即解决。在中子被发现不久，海森伯和伊凡宁柯就独立地分别提出了原子核是由质子和中子构成的模型，正确地解决了原子核结构的基本问题。因此，一个原子核，或者一种同位素，可以用两个数来表征，一为质子数，即 Z；一为中子数 N。不过，习惯上人们通常用 Z 和 A（$\equiv Z+N$，称质量数），并用符号 ${}^A X_Z$ 来代表一种原子核。这里，X 为相应元素的化学符号。比如 $^{14}N_7$ 代表 $Z=7$ 和 $A=14$ 的氮原子核。有时下角标也可以省写，因为代表元素的化学符号实际已经指明了 Z 值。

实验证明，$^{14}N_7$ 原子核的自旋为 1。如果把它看成由 14 个质子和 7 个电子组成，那么原子核内将共有 21 个 $\frac{1}{2}$ 自旋的粒子。由奇数个半整数自旋的粒子组成的体系，只可能也是半整数自旋而不可能是整数自旋的。这也说明，原子核不是由质子和电子组成，而应当由质子和中子组成。正是由于质子和中子同是组成原子核的粒子，因而它们统称为核子。

与电子和核组成原子的情形（图 1.10）不同，质子和中子在原子核内是十分拥挤的。

中子不带电，它很容易穿入原子核引起反应，是研究原子核的强有力的"炮弹"。在此以前，可供研究用的炮弹只有天然放射性元素放射出的 α、β、γ 三种射线，如今又添了一种穿透本领更大，与原子核作用更有效的新炮弹——中子束。人们用它轰击各种原子核，制造了许许多多人工放射性同位素；还用它开动了原子能发电站；甚至也用它引爆了原子弹……

建造物质大厦的砖石

至此，人们已经知道了四种基本粒子，即电子、质子、中子和光子，分别记为 e^-、p、n 和 γ。有了电子、质子和中子，一切元素，一切物质就都可以建造起来。在原子状态跃迁的过程中还会有光子辐射出来或者被吸收，空间也还或多或少地存在着辐射场（光子）。除此以外，似乎不再需要任何别的粒子了。因此，电子、质子、中子和光子，是建造物质大厦的四种基本砖石。

作为基本粒子，除了质量和电荷以外，还具有自旋和磁矩。无论电子、质子、中子，或者光子，都在自转，都有自旋。

众所周知，一个电流线圈相当于一块磁铁，它有磁矩。电子和质子均带电，它们自转时必然也会产生磁矩。实验也确实非常精确地测定了它们的磁矩值

$$\mu_e = -1.00115965218076(27)\frac{e\hbar}{2m_e c}$$

$$\mu_p = 2.792847356(23)\frac{e\hbar}{2m_p c}$$

这里 m_e 和 m_p 为电子和质子的质量。光子的磁矩为 0，它是真正的中性粒子。中子虽不带电，但其磁矩却不为 0，实验测得其值为

$$\mu_n = -1.91304272(45)\frac{e\hbar}{2m_p c}$$

这个事实表明，中子虽然总电荷为 0，却是有内部电磁结构的。

这四个粒子中，电子、质子和光子均是稳定的，如果不与别的粒子作用，它们可以永远存在下去。但是，中子是不稳定的。一个自由中子会衰变成质子，并放出一个电子，这就是所谓 β 衰变，或者说 β 放射性。不过，人们不能知道一个中子究竟在什么时刻发生衰变，人们只能知道它在一定时间间隔内可能发生衰变的几率有多大。由于这个几率性或统计性，人们不能知道一个中子经过 t 时间后是否还存在，只能知道它在 t 时间后仍然存在（即尚未衰变掉）的几率，实验证明这个几率可以表示为

$$P(t) = e^{-t/\tau} \tag{1.13}$$

可见，存在的中子数会随时间而按指数方式减少。式中 τ 是一个时间标度的参数，τ 愈大，衰减就愈慢，中子生存的时间就愈长。事实上，这种统计规律性是微观世界的特征，也是基本粒子世界的特征。各种不稳定粒子都按这种方式而衰变，τ 正是表示粒子生存的平均寿命（简称寿命），它也是基本粒子的一个重要特征量。对于中子而言，其平均寿命约为 15 分钟，或者精确地说，为 886.7（1.9）秒，这已

经是基本粒子世界中除了稳定粒子而外最长寿的粒子了。当然，这个寿命只是指自由中子的寿命。对于一个原子核内的中子，由于它与核内其他核子的束缚作用，其寿命可以变得很长甚至成为稳定的。

第二章
粒子物理学的降生

前面所述关于电子、光子、质子、中子的发现史虽然涉及的是人类最早认识的四个基本粒子,但这些研究工作主要还只是为了发展原子物理和原子核物理。正当人们沉醉于似乎已经建成了物质大厦的辉煌成就,沉醉于似乎已经完成了粒子层次基本发现的喜悦中时,20 世纪 30 年代初开始的一系列新粒子的发现为人们展示了粒子层次丰富的物理内容,宣布了粒子物理学的降生。

有负质量粒子吗?

20 世纪头四分之一,物理学获得了两大突破。一是相对论的发现,一是量子力学的建立。相对论在高速问题上发展了牛顿力学;量子力学在小尺度(微观)问题上发展了牛顿力学。两者沿着各自的道路向前发展,均获得了极其辉煌的成果。如何将它们二者结合起来,是 20 世纪 20 年代末期摆在物理学家面前的一个重大课题。

据(1.6)式可知,在相对论中能量 E 与动量 p 之间有平方关系。就是说,对于一定动量的粒子,可以有正、负两个能量值

$$E=\pm\sqrt{p^2c^2+m^2c^4} \qquad (2.1)$$

正能范围的最小值为 mc^2,负能范围的最大值为 $-mc^2$,中间有一个宽为 $2mc^2$ 的空隙,见图 2.1。由于能量与质量相联系着,见(1.5)

正能区

mc^2

$-mc^2$

负能区

图 2.1 电子的正能区
与负能区

式，负能量意味着负质量。如果一颗子弹是负质量的，它将射向射击者自己，这显然是荒谬的。

然而，这种情况在经典物理中并不严重。人们从未见到过负质量物体，未必一定意味着负质量不能存在，而可以只是因为原先存在的物体都是正质量的。在经典物理中，一切运动和变化总是连续的，一个原先为正能量的物体，不可能通过连续变化而越过能隙区变成负能量。但是在量子物理中情况完全不同。量子力学允许有不连续的变化，原来正能量粒子可以跃迁到负能量去。

将量子力学与相对论结合起来而建立的狄拉克（P.A.M.Dirac）方程（1928 年），一方面相当精确地解释了氢原子光谱，而且自然地解释了电子的自旋为 1/2；另一方面，它就存在着这个负能困难。就是说，狄拉克方程有两种解，有正能解，也有负能解。正能解描述正能量粒子的运动，负能解描述负能量粒子的运动。利用狄拉克方程可以算出正能量电子跃迁到负能状态去的几率。比如，一个氢原子中的电子大约在 10^{-8} 秒这样的短暂瞬间内就会跃迁到负能状态。因此，所有氢原子中的电子都会在一瞬间全都变为负能电子，完全不符合事实。由此可见，在量子物理中，负能态的存在引起了严重的困难。

粒子世界的半边天

负能困难如何排除？这是颇使物理学家伤脑筋的问题。

1930 年狄拉克找到了一条出路。狄拉克没有回避负能态的存在，而是直接把真空看做所有负能状态均已被电子填满的状态。根据泡利原理，这时正能电子不可能再跃迁到负能态去，从而解释了未见到过负能电子这一事实。但是，如果负能态上真的填满着电子，只要有足够的能量传递给这些电子，它们就会跃迁到空着的正能态去。既然所有负能态被填满的状态相当于真空，那么负能态上因跑掉一个电子而留着的空穴就相当于出现了一个正能粒子。这个粒子除了电荷为正，磁矩与电子相反以外，质量、自旋以及其他性质均与电子一模一样，可称为正电子（这里"正"是指带正电荷）或反电子（这里"反"是指电荷、磁矩等与电子相反）。

就在那个时候（1930 年），赵忠尧在研究由放射性原子核（ThC″，即 Tl^{208}）所放出的高能 γ 射线（～2.61MeV）被物质吸收的规律时，发现了一种新的现象。这种现象不能用 γ 射线与核外电子的作用来解释，它似乎是 γ 射线被原子核所吸收的一种过程，当时叫做反常核吸收现象。值得注意的是，在这种过程中会辐射出一种能量约为 0.5MeV 的 γ 光子，而且各向同性（即各个方向辐射强度相等）。这种辐射称为赵忠尧特征辐射。塔朗特（G.T.P.Tarrant）、梅特纳（L.Meitner）和胡普费耳德（H.H.Hupfeld）等许多人的实验也均观测到了这种反常核吸收现象。

1932 年，安德森（C.D.Anderson）在用云雾室研究宇宙线时摄得了一张照片，如图 2.2 所示。云雾室的中部是一块 6 毫米厚的铅板。粒子穿过铅板时会因为电离碰撞而损失能量，因而粒子在铅板两侧的能量是不同的。此云雾室放在强磁场中，磁场方向指向图的背面。一个带电粒子的能量愈小，它在磁场中就弯曲得愈甚，曲率就愈大。从而，根据铅板两侧粒子径迹曲率的不同，可以判断粒子的运动方向。再根据径迹弯曲的方向，可以判断粒子的电荷。显然，图中所示是一个带正电粒子的径迹。但是，从径迹的粗细和长度来看，它不可能是质子，却应是电子。这张照片使安德森一夜没有合眼，终于断定它是一个正电子。这是人类发现的第一个反粒子。这一发现使安德森获得了 1936 年度的诺贝尔物理奖。

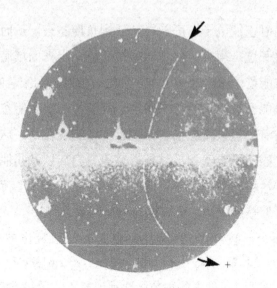

图 2.2　正电子的发现（安德森，1932）

　　正电子的发现使布拉凯特（P.M.S.Blackett）和奥恰里尼（G.P.S.Occhialini）等人很快弄清楚了赵忠尧特征辐射的本质。实际上，按照狄拉克理论，一个能量足够高（$>2m_ec^2$）的 γ 光子可以使一个负能电子跃迁到正能态去，在负能态中留下一个空穴，其结果是一个高能 γ 光子转化成了电子和正电子，如图 2.3。不过，一个 γ 光子直接转化成一对电子（e^-e^+）不可能同时满足动量和能量守恒定律。这个过程只有在第三者（通常是一个原子核）参与的情况下才能发生，即

$$\gamma + X \rightarrow X + e^+ + e^-$$

这里，虽然原子核 X 在过程后仍存在，但其动量、能量有了变化，使整个过程中动量、能量得以同时守恒。表观上看 γ 光子似乎是被原子核吸收的，这正是赵忠尧所发现的反常核吸收现象。

　　虽然正电子本身是稳定的，但在物质中却不会永远存在下去。一般地，它将先与物质中的原子进行许多次电离碰撞而逐步损失能量，变成一个几乎静止的正电子。因为正电子相当于负能态上的一个空穴，如果附近有正能电子，它就会向这个空着的负能态跃迁（见图 2.4）。其结果，原来的电子不见了，负能态上的空穴被填充后变成真空态，正电子也不见了。跃迁过程中放出的能量将转化为光子。

这种过程称为湮没（或称湮灭）。一对正、负电子转化为一个光子同样也不能同时满足动量和能量守恒。通常，它们总是转化为两个光子

$$e^- + e^+ \rightarrow \gamma + \gamma$$

偶尔也会转化为三个光子。一对几乎静止的正、负电子，其总能量为 $2m_e c^2$。由于动量守恒的要求，两个光子必定以相同的能量朝相反的方向辐射出来。因此，每个光子的能量为 $m_e c^2 = 0.51\text{MeV}$，这便是赵忠尧特征辐射。

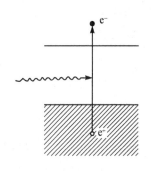 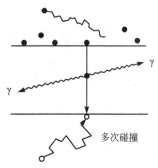

图 2.3　正负电子对的形成　　　图 2.4　正负电子对的湮灭

正电子还会与电子组成一种特别的"原子"，即以正电子取代原子核而组成的"氢原子"，称为正电子素。这种原子有两类，一类正电子与电子的自旋平行，一类反平行。它们均极不稳定，很快就会湮没。前者寿命约为 1.4×10^{-7} 秒，通过三光子辐射而湮没；后者寿命约为 1.3×10^{-10} 秒，通过双光子辐射而湮没。

不久，人们又发现，在宇宙线中可以观察到大量正、负电子对同时出现的现象。实际上，这是极高能量的光子产生正、负电子对，这些高能正、负电子又与原子核碰撞而辐射出高能光子，这些光子又产生正、负电子对，……如此继续下去，就会形成大量正、负电子。这个现象叫做簇射。图 2.5 就是赵忠尧摄得的一张簇射照片。有时，这种簇射甚至可以覆盖若干平方公里的广大面积，表明宇宙射线中存在着极高能量的粒子。

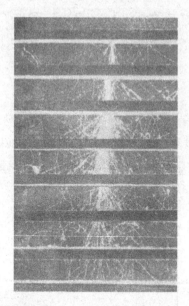

图 2.5　高能宇宙射线粒子在大气中引起的簇射（赵忠尧）

天然放射性中一般只有 β⁻放射性（放出 e⁻），人工放射性中还可以有 β⁺放射性（放出 e⁺）和 K 俘获（原子核从核外 K 层轨道上吸收一个电子）。这是 β 放射性的三种基本形式。

早在 20 世纪 40 年代，何泽慧就曾用放射性同位素 ^{52}Mn 放射出的正电子详细地研究过正电子-电子散射规律，这是与电子-电子散射不同的。1945 年 11 月的 Nature 杂志上报道了何泽慧清晰地观测到的这个事例。图 2.6 就是她所摄得的一张云雾室照片。照片中碰撞点前后径迹弯曲的方向相反而弯曲的程度相近，表明它们是电荷相反而能量相近的粒子。在这散射过程中，正电子的大部分能量传给了电子，碰撞后的正电子已只有很小能量。

狄拉克的空穴理论意义重大，影响深远。按照狄拉克理论，不仅电子有反电子，质子、中子也应有相应的反粒子，即反质子、反中子，它们也果真在 20 世纪 50 年代中期相继被张伯伦（O.Chamberlain）、赛格瑞（E.Segrè）等人发现，其中包括丁肇中小组在布鲁克黑文实验室观测到反氘核。张佰伦和赛格瑞而获得 1959 年度诺贝尔物理奖。

事实上，一切粒子均有相应的反粒子。时至今日，粒子已经发现二百多，它们都有反粒子（其中也有一些特例，比如光子，它的反粒子就是它自己）。

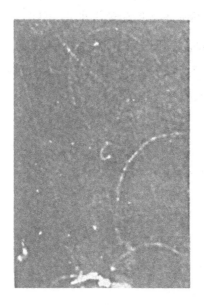

图 2.6　正负电子散射（何泽慧，1945）

因此，反粒子有其极为广泛的意义，它们构成了粒子世界的半边天。

反粒子与粒子密切相关。有些性质，反粒子与粒子完全一样，比如它们有严格相等的质量，有完全相同的寿命。有些性质，反粒子与粒子正好相反，比如反质子与质子的电荷相反。中子虽然不带电，但有其内部电磁结构，反中子的内部电磁结构与中子相反，因此，中子的磁矩与其自旋反向，而反中子的磁矩与其自旋同向。反粒子最突出特点是会与粒子发生湮没。

β 衰变的能量失窃案

β 衰变的典型过程是这样的：放射性原子核 $^{A}X_{z}$ 在衰变成 $^{A}Y_{Z+1}$ 时要放出一个 β⁻粒子（即电子 e⁻）。实验测定了所放出电子的能量，发现它不具有确定的量值。图 2.7 画出了氚（$^3H_1$）的 β 衰变所放出的电子能量分布。β 粒子的能量并不确定，其动能从 0 到 18.6keV 均有，只是动能在 2～4keV 附近的 β 粒子多些，但有一个明确的最大能量（约 18.6keV），超过此能量的 β 粒子就不存在。这个情况与 α、γ 衰变十分不同，在微观现象中显得非常特别。因为在微观世界中，无论分子、原子或者原子核，各个状态都有确定的能量。比如，^3H 和 ^3He 的基态应当也有确定的能量。它们之间的能量差自然也是确定的，而氚的 β 衰变正是原子核 ^3H 变为原子核 He^3 的过程，那么为什么放出的电子能量不确定呢？这个情况使物理学家大伤脑筋，甚至引起了像玻尔那样的著名学者也怀疑能量是否守恒。

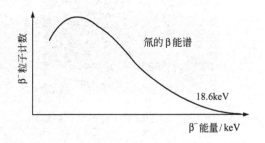

图 2.7　氚的 β 能谱

难道能量真的不守恒吗？从各种 β 放射性元素所放射的 β 粒子能量的实验测量，都表明虽然 β 粒子能量不确定，但都有确定的最大值。有的 β 放射性元素甚至可以有若干种能谱叠在一起的复杂情形，然而每一种能谱都有其自己的最大能量。比如，^{65}Ni 就可以放射出三种能谱的 β 射线，图 2.8 为 ^{65}Ni 的衰变情况。这三种能谱对应于从 ^{65}Ni 的基态跃迁到 ^{65}Cu 的基态、第一和第二两个激发态的三种衰变方式，这三种能谱各有其最大能量，它们是 2.10MeV、0.98MeV 和 0.61MeV。由于衰变到 ^{65}Cu 的激发态后，激发态还会再放射 γ 射线，最终总要跃迁到基态去。因此，测定 γ 射线的能量可以确定 ^{65}Cu 的两个激发态与基态之间的能级差。由这些数据可知，只要假定 β 衰变实际放出的能量就是其能谱的最大能量，能量守恒就可以维持，而且与γ射线的能量测量结果符合得相当好。但是，每次β衰变放出的 β 粒子能量一般总小于最大值，那么还有一部分能量到哪里去了呢？这就是β衰变中的能量失窃案。

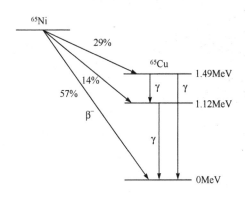

图 2.8　^{65}Ni 的衰变纲图

其实，β 衰变中不仅有能量失窃，而且角动量也"失窃"了。就以 ^{3}H 的衰变为例，^{3}H 和 ^{3}He 的自旋都是 $\frac{1}{2}$。衰变前只有 ^{3}H，角动量就是 $\frac{1}{2}$；衰变后有 ^{3}He 和 e$^-$，两个 $\frac{1}{2}$ 自旋的粒子总角动量只可能是整数，比如 1 或 0，而不可能是半整数。因此，在 ^{3}H 的β衰变过程中角动量也是不守恒的。

β 衰变的问题究竟在哪里？1931 年泡利设想了一个最自然的办法，他假定 β 衰变过程中还放出了一个难以探测到的中性粒子，自旋为 $\frac{1}{2}$，其质量十分小甚至可能为 0，称为中微子（记为ν）。因此，β 衰变过程应当写成

$$^A X_Z \rightarrow {}^A Y_{Z+1} + e^- + \bar{\nu}_e \qquad (2.2)$$

这里，下标 e 表示 ν_e 是与电子 e 相伴的中微子，上加一横线表示反粒子，其含意以后将会说明。

缺的是中微子，快找！

泡利

中微子失窃案

中微子的归案

泡利的假设简洁明了，使不少实验物理学家千方百计地设法去寻找那个神秘的中微子。

中微子不带电，作用微弱，极难测量。寻找中微子踪迹的第一个成功方案是王淦昌在 1942 年设计的，其基本思想是这样：如果中微子果真存在，它不仅应当具有能量 E，而且也应当具有动量 p，它们应当满足确定的关系（即（1.6）式）。如果实验上能够测定 β 衰变过程中丢失的能量和丢失的动量，看看它们是否符合中微子的能量和动量的这个关系，就可以对中微子的存在与否提供一个明确的回答。由于中微子难于直接测量，其动量得通过测定其他衰变子体的动量而间接求得。然而，β⁻衰变后共有三个子体，一为电子，一为中微子，一为反冲核（见图 2.9）。三者的动量、能量关系取决于它们的出射方向，不易测定。幸好与 β⁻衰变属于同类作用的还有"K俘获"过程。这种过程中，放射性原子核不是放射电子，而是从最靠近核的 K 层轨道上吸收一个电子，产生如下过程

$$^AX_Z + e^- \rightarrow {}^AY_{Z-1} + \nu_e \qquad (2.3)$$

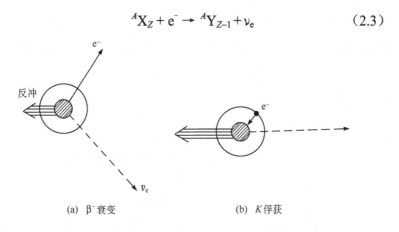

(a) β⁻衰变　　　　　　　　(b) K俘获

图 2.9　探测中微子的王淦昌方案的设想

　　这里，衰变后只有两个粒子，一为中微子，一为反冲核，二者的动量是完全确定的。如果选用比较轻的原子核，反冲动量可以比较大，更容易测量些。根据这个想法，王淦昌建议用 ⁷Be 来做实验。同年，阿伦（J.S.Allen）做了这个 ⁷Be 实验，初步证实了中微子的存在。但由于实验条件不够好，当时未能测出单能量的反冲核 ⁷Li。直到 1952 年，劳德拜克（G.W.Rodeback）和阿伦在大大改进实验条件后，再用 ³⁷Ar 做 K 俘获实验时，才第一次观测到了单能量的反冲核 ³⁷Cl。接着戴维斯（R.Davis，Jr.）用 ⁷Be 的 K 俘获做实验，又测量到了单能量的反冲核 ⁷Li。他们证明了过程中丢失的动量和能量正好符合中微子的要求，由此算出的中微子质量确实很小，近于零。这是显示中微子存在的第一批实验。

　　然而，这个实验还只涉及了中微子的发射过程。更为直接的实验是对已被放射出来而脱离了源的中微子进行探测。这个实验直到 1956 年才由莱茵斯（F.Reines）和柯温（C.L.Cowan）完成。这是一个非常难做的实验。实验的难处在于中微子的作用极为微弱。要探测到一个粒子，就得让这个粒子在探测器中产生一些可以观察到的效果，就是说这个粒子至少得在探测器物质中碰撞一次。但是，通常 β 衰变放射出来的中微子要穿过大约一千亿个地球才会与其内的一个原子核碰撞一次。即使你做成像地球那么大的探测器，有一千亿个中微子通过也大约只能探测到一个。要知道，号称穿透本领很大的 γ 光子，在地球中走过若干厘米就会碰撞一次。中微子穿透本领之大可想而知。

中微子归案

柯温和莱茵斯用了 200 升水和 370 加仑液体闪烁体做成探测器，埋在美国一个核反应堆附近很深的地下，来探测核反应堆放射出来的极强的中微子束（实际是反中微子束），经过相当长的时间，才成功地探测到了为数不多的中微子。他们的实验是这样的（见图 2.10）：当反中微子 $\bar{\nu}_e$ 射到水中与质子碰撞，发生下面的反应过程

$$\bar{\nu}_e + p \rightarrow n + e^+ \tag{2.4}$$

由此放出的正电子经过减速后与电子湮没，转化成两个 γ 光子。这些光子同时射入两边两个液体闪烁体，产生一个符合信号。所谓符合信号是两个闪烁体同时记录到 γ 光子而产生的信号。这个信号的出现就表明在水中发生了 e^+e^- 的湮没过程。值得注意的是，过程（2.4）还产生了一个中子，它将经过很多次碰撞，大约经过几微秒后，被掺在水中的一个镉（Cd）原子核吸收，同时产生若干个 γ 光子

$$n + Cd \rightarrow Cd^* \rightarrow Cd + \gamma + \gamma + \cdots$$

这些γ光子再进入闪烁体，又产生一个延迟符合信号。这个信号的出现进一步证明在水中确实发生了（2.4）那样的过程。柯温和莱茵斯就是用这个办法发现$\bar{\nu}_e$的。二十多年的悬案终于被侦破，中微子也就归了案。

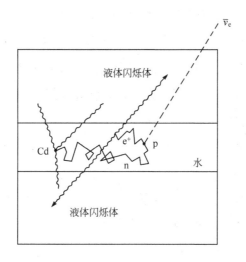

图2.10 发现第一个反中微子$\bar{\nu}_e$的柯温-莱茵斯探测器示意图

中微子的发现极为困难，但是，诺贝尔奖却迟至 1995 年才颁发给莱茵斯，可惜那时另一位发现者柯温早已去世，失去了获奖的机会。

理论预言了 π 介子

从原子中打出电子来，只需要十余电子伏能量。但从原子核中打出质子或中子来，却需要大于它几十万倍的能量。为什么原子核那么牢固？究竟什么力使质子、中子结合得如此紧密？质子间的电力是斥力。中子不带电，中子间以及中子-质子间没有显著的电力。显然，原子核的结合不可能是电磁起源，而应属于另一种强得多的新型力。这种力称为核力，也叫强作用。

根据量子辐射理论，两个电子之间的电磁相互作用是由光子传递的。1935 年汤川秀树由此得到启发，想到可能也应当存在一种粒子（称之为 π 介子），它起着在核子与核子之间传递核力的作用。比如，一个中子 n 发射一个带负电的 π 介子（π^-）而变为质子 p，另一个质子吸收这个 π^- 而变为中子，如图 2.11 所示。核子与核子之间就通过这种 π 介子的交换而相互作用。应当指出，这种过程只是一种虚过程，π 介子只作为中间过程的虚粒子出现而不作为自由的实粒子射出去。事实上，在这个过程中看起来能量并不守恒。因为质子和中子的质量近似相等，它们的静能量就近似相等，发射一个 π 介子，能量就差了约 $m_\pi c^2$，m_π 为 π 介子质量。不过，量子力学中有一条叫做测不准关系的基本规律，即

$$\Delta E \Delta t \sim \hbar \tag{2.5}$$

Δt 是时间不定的范围，ΔE 是能量不定的范围。由于核力是短程力，其力程约为 $l \sim 10^{-13}$ 厘米。只有当两个核子间的距离在力程以内时才会有强的核力作用。如果虚 π 介子的速度接近光速 c，那么 π 介子在传递核力的过程中出现的时间约为 $\Delta t \sim l/c$，这也表示 π 介子存在时间的不定范围。由 （2.5）式就可以求得

$$\Delta E \sim m_\pi c^2 \sim \hbar c/l$$

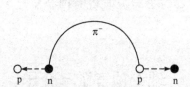

图 2.11　中子-质子通过交换 π 介子而相互作用的示意图

据此即可估计出 π 介子的质量约为电子质量的二三百倍。

π 介子要在 p、n 之间，p、p 之间和 n、n 之间传递作用，所以，π 介子可以带负电，也可以带正电，还可以不带电。因此，π 介子共应有三种，即 π^+、π^0 和 π^-。

寻找 π 介子

π 介子究竟是否存在？如果存在，又该如何去寻找它？这是摆在实验物理学家面前的重要课题。

π 介子的质量二三百倍于电子，要产生出 π 介子（实粒子）来，至少得有几百 MeV 的能量。但是，放射性原子核所放射出来的粒子的能量不过几个 MeV 甚至更低。20 世纪 30 年代还只是加速器的初创时期，那时加速器所能达到的能量也远不足以产生 π 介子。当时只有宇宙线可以提供足够高能量的粒子。

宇宙线是来自遥远宇宙深处的一种射线，它实际上是一些能量很高的质子、α 粒子、电子和各种原子核。这些高能粒子射入大气层后，与大气层中的原子碰撞，有可能产生出 π 介子来。因此，人们就在宇宙线的研究中去寻找 π 介子的踪迹。

神秘的 μ 子

果然，1937 年安德森和纳德梅逸（S.H.Neddermeyer）等人在宇宙线的研究中发现了一个质量大约为电子质量 207 倍的粒子，称为 μ 子。μ 有带正电的，也有带负电的——$\mu^{\pm}$。

μ 是否就是汤川所预言的 π？这个问题成了当时争相研究的重大课题。理论家计算了作为核力传递者的 π 与物质之间应有的作用强度；实验家测量了 μ 与物质之间的实际作用强度。人们发现，μ 与物质之间的作用非常微弱，并不具有强的核力作用。当 μ 射入物质后，它就像电子那样通过许许多多次电离碰撞逐渐丢失能量而后几乎静止在物质中，最后衰变成为电子并放出两个中微子

$$\begin{cases} \mu^- \rightarrow e^- + \bar{\nu}_e + \nu_\mu \\ \mu^+ \rightarrow e^+ + \nu_e + \bar{\nu}_\mu \end{cases} \tag{2.6}$$

μ 的平均寿命约为 2×10^{-6} 秒，精确地说是 2.19703（4）$\times 10^{-6}$ 秒。如果 μ 有强作用，应当可以观察到相当多的使物质中原子核碎裂的事例。

然而这种事例却几乎见不到。这个事实说明，μ 并不是汤川所预言的 π。

实际上，μ 更像是一个电子，一个重得多的电子。与电子一样，μ 也只有电磁作用和弱作用而没有强作用，其自旋也为 $\frac{1}{2}$。(2.6)就是一种弱作用过程。

1948 年，张文裕发现 μ⁻ 可以取代原子中的 e⁻ 而形成一种特别的原子，称为 μ 原子。μ 原子中的 μ⁻ 或者像自由 μ⁻ 那样按（2.6）方式衰变，或者被原子核中的质子吸收而转化为中子并放出一个中微子

$$\mu^- + p \rightarrow n + \nu_\mu \qquad (2.7)$$

如同通常的 K 俘获过程那样。这两种都是弱作用过程。

大家知道，能源开发最重要的问题是研究受控热核聚变。所谓核聚变是指氢（主要是重氢 H^2，即氘）聚合成氦的过程。由于原子

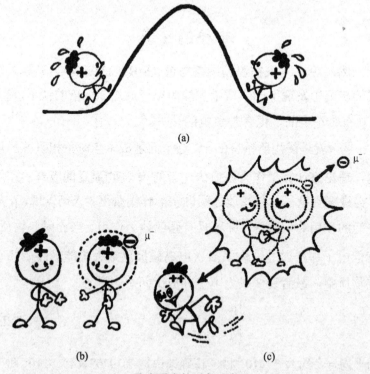

聚变反应的形象示意

核均带正电，要实现核聚变必须克服库仑斥力，因而要求有上亿度的高温。这是受控热核聚变的根本困难所在。由于 μ^- 比 e^- 重 207 倍，其轨道就比普通原子轨道小 207 倍。因此，μ^- 实际上很靠近核，对核电荷起了很好的屏蔽作用。一个以氘为核的 μ 原子就好像一个中性原子核，与别的原子核碰撞无须克服库仑斥力，这样，核聚变就不再要求高温。聚变反应的形象示意图（a）中的山头代表库仑斥力造成的障碍，两个带正电的氢原子核（即质子）要靠近就必须像爬山一样费力。图（b）表示一个质子已被 μ^- 屏蔽，好像使质子变成了电中性，因而与另一个质子靠近不再有斥力障碍。图（c）表示在有 μ^- 的屏蔽的情形，聚变反应变得很容易完成。1957 年，阿瓦雷斯（L.W.Alvarez）等就曾观察到过这种"冷核聚变"

$$(H^2 + \mu^-)_{\mu原子} + H^1 \rightarrow He^3 + \mu^-$$

图 2.12 就是他们所获得的气泡室照片：一个 μ^- 射入充以液态天然氢的气泡室，经减速后被一个氘核俘获，形成 μ 原子。μ 原子是中性的，不会留下径迹，照片上表现为径迹中断。但 μ 原子走不多远就与另

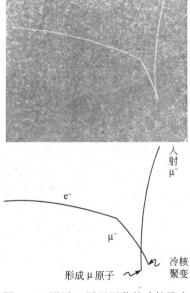

图 2.12　通过 μ 原子屏蔽的冷核聚变

一个氢核发生聚变，μ⁻获得能量重新放射出来，在原径迹中断处附近形成新的 μ⁻径迹。这个径迹随后又发生偏折，表示 μ⁻衰变为 e⁻，中微子也是不留径迹的。可惜 μ 寿命太短，这种"冷核聚变"还无法实用。

π 介子真的找到了

μ 不是 π，那么 μ 又是怎么产生的？坂田等提出了一个设想：他们认为 μ 虽不是 π，但它可能是 π 的衰变产物。一个高能宇宙线粒子射入大气层后，与高空大气中的原子核发生强作用过程而产生 π±，π± 在射向地面的过程中衰变为 μ±。

这个设想启示人们，要寻找 π，最好到高层空间去找。1947 年，鲍威耳（C.F.Powell）等人将核乳胶（一种特制的照相底片）用气球送到高空去记录宇宙线。从这些研究中果然发现了 π 介子。图 2.13 就是一张明确显示 π 介子产生的高倍放大乳胶片）。图中在 P 点发生的强作用过程产生了许多粒子，其中一个 π 介子走到 S 点被一个轻核俘获，再一次引起强作用过程，使之碎裂为一些碎片在 S 点向外飞出。实验测出这个 π 介子的质量约为电子质量的 273 倍，正是汤川所预言的那种粒子。

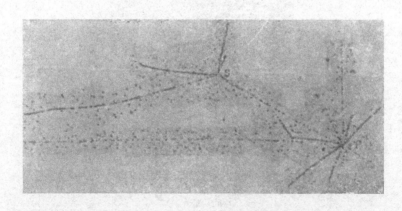

图 2.13 π 介子的产生和俘获

无论 π^+，或者 π^-，都是不稳定的，它们主要按如下方式衰变

$$\begin{cases} \pi^+ \rightarrow \mu^+ + \nu_\mu \\ \pi^- \rightarrow \mu^- + \overline{\nu}_\mu \end{cases} \tag{2.8}$$

其平均寿命约为 2.6×10^{-8} 秒，精确地说是 2.6033（5）$\times 10^{-8}$ 秒。图 2.14 给出了四个 $\pi-\mu-e$ 衰变链的事例。这些事例均包含有两个突然方向改变（拐点），前一个拐点处发生了（2.8）形式的衰变，由于中微子带走了动量，使 μ 的方向与 π 的方向不同。后一个拐点处发生了（2.6）形式的衰变，也是中微子带走了动量，使 μ 变 e 而改变方向，这些确证了坂田的设想是正确的。

图 2.14　$\pi-\mu-e$ 衰变链的四个事例

与 μ 不同，π 确实具有强作用，图 2.13 事例已经表明，π 是在强作用过程中直接产生的。图 2.15 所示的乳胶片再次显示了 π 具有强作用。这里，射入乳胶片的是一个 π^-，经多次电离碰撞减速后被乳胶片中的一个原子核吸收，通过强作用过程而形成星状碎裂。

几乎在 $\pi^\pm$ 被发现的同时，人们也发现了 π^0。π^0 是中性 π 介子，质量略小，约为电子质量的 264 倍。π^0 的平均寿命更短，约为 0.84×10^{-16} 秒，它刚一产生就衰变为两个 γ 光子

$$\pi^0 \to \gamma + \gamma \qquad\qquad (2.9)$$

人们就是通过探测这两个 γ 光子而发现 π^0 的。

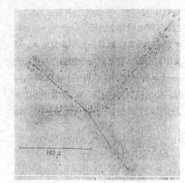

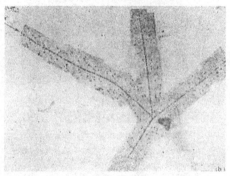

图 2.15 π 介子引起的强作用

第二类中微子——$\nu_\mu \neq \nu_e$

前面，我们把与电子相联系的中微子记为 ν_e，如过程（2.2）和（2.3）；把与 μ 相联系的中微子记为 ν_μ，如过程（2.8）。这两种中微子究竟是同一类粒子，还是完全不同的两类粒子？这是要由实验来回答的问题。

实验可以这样做：用 π 衰变产生的 ν_μ 去与物质作用，看看它与物质原子核碰撞过程中究竟发生 e 还是产生 μ。如果既能产生 μ，又能产生 e，就表示 ν_μ 与 ν_e 可能是同一粒子。如果只能产生 μ 而不能产生 e，就表示 ν_μ 与 ν_e 一定不是同一粒子。1962 年，丹培（G.Danby）

等7人发表了一篇论文，他们正是用这样的实验证明 ν_μ 是不同于 ν_e 的另一类中微子。由于在实验中可以比较容易地得到高能 ν_μ，而中微子的能量越高，与其他粒子的碰撞几率越大，因此，ν_μ 更便于用来作为"炮弹"，研究中微子与物质的相互作用。也许是由于这一原因，第二类中微子（ν_μ）的发现者先于第一类中微子（ν_e）的发现者获得诺贝尔物理奖（1988年），获奖人是该论文的第4、6、7三位作者，即莱德曼（L.M.Lederman）、史瓦兹（M.Schartz）和斯坦柏格（J.Steinberger）。

粒子物理学成为一门独立的学科

电子的发现，光子的发现，质子的发现，中子的发现，相继奠定了原子物理和原子核物理的基础。但是，中微子、正电子、μ、π…的发现，使人们认识到，粒子物理有其自身的丰富内容，从而开始作为一门新的独立学科出现于世。

表2.1 常见粒子的基本性质

粒子	自旋	质量/MeV	寿命/秒	主要衰变方式	分支百分比
γ	1	0	稳定		
ν_e	$\frac{1}{2}$	<0.000002	稳定		
$e^\pm$	$\frac{1}{2}$	0.510998928(11)	稳定		
ν_μ	$\frac{1}{2}$	<0.19	稳定		
$\mu^\pm$	$\frac{1}{2}$	105.6583715(35)	2.19703(4)$\times 10^{-6}$	$\mu^- \to e^- \bar{\nu}_\mu \nu_e$ $e^- \bar{\nu}_e \nu_\mu \gamma$	98.6% 1.4%
p	$\frac{1}{2}$	938.272046(4)	稳定（>10^{32}年）		
n	$\frac{1}{2}$	939.565379(21)	880.3(1.1)	$n \to p e^- \bar{\nu}_e$	100%
$\pi^\pm$	0	139.57018(35)	2.6033(5)$\times 10^{-8}$	$\pi^+ \to \mu^+ \nu_\mu$ $e^+ \nu_e$ $\pi^0 e^+ \nu_e$	~100% 1.230(4)$\times 10^{-4}$ 1.025(34)$\times 10^{-8}$
π^0	0	134.9766(6)	0.83$\times 10^{-16}$	$\gamma \gamma$ $\gamma e^+ e^-$	98.798(32)% 1.198(32)%

从 19 世纪末汤姆逊发现电子到 20 世纪 40 年代，这半个世纪可以看做粒子物理发展的初期。在这个时期内，虽然人们还只发现了少数几种粒子，但对于粒子物理却也已经有了一些基本的了解。现将这些粒子的基本性质列于表 2.1 中。表中的衰变方式栏只列出了粒子的重要衰变方式，反粒子的衰变方式只要将粒子衰变方式中所有粒子均变为反粒子而所有反粒子均变为粒子即得。

世界上总共只有四种力

在这期间，人们已经了解到，自然界中所有各种类型的作用力从粒子角度来看总可以归结为四大类，如表 2.2 所示。

表 2.2　四种基本作用的比较

作用名称	强度比较
强作用	$1 \sim 10$
电磁作用	10^{-2}
弱作用	$10^{-10} \sim 10^{-12}$
万有引力	10^{-39}

万有引力，简称重力，是支配宇观世界的一种力。月亮绕着地球运行，地球绕着太阳运行，恒星在银河系中的运动，甚至宇宙的膨胀运动，均受万有引力支配。但在微观世界中，万有引力的作用却微乎其微，几乎可以完全忽略不计。

弱作用是支配 β 衰变等过程，以及有中微子参与的各种过程的一种力。人们分析了 β 衰变、K 俘获、π 衰变、μ 衰变以及中微子碰撞等各种各样的过程，发现支配它们的作用强度均差不多。现在已经弄清楚，支配这些衰变和中微子碰撞过程的本质上是同一类型的力，称为弱作用。

电磁作用是支配由电荷、磁矩和粒子内部电磁结构引起的过程以及有光子参与的各种过程的一种力。电磁作用是最广泛、最常见的一种作用，从微观、宏观直到宇观世界，这种作用均极为重要。在原子、分子层次，电磁力起着主导作用，占着支配地位。对于衰变过程，作用愈强，过程愈烈，粒子寿命就愈短。$\pi^0 \rightarrow \gamma + \gamma$ 是电磁过程，而 $\pi^+ \rightarrow \mu^+ + \nu_\mu$、$\pi^- \rightarrow \mu^- + \nu_\mu$ 是弱过程，π^0 寿命远较 $\pi^\pm$ 为短，正是电磁作用远较弱作用为强的自然结果。

强作用问题虽然复杂，但即使在粒子物理发展的初期，人们对它还是获得了一定的认识。早在 20 世纪 30 年代，人们就认识到，质子和中子的强作用相同。换句话说，对于强作用而言，质子和中子似乎只是同一种粒子（即核子）的两种不同的状态。

我们知道，电子的自旋为 $\frac{1}{2}$，它在某一方向（z 轴）上可以有两个投影状态，一为 $+\frac{1}{2}$（即自旋朝上），一为 $-\frac{1}{2}$（即自旋朝下）。如果只考虑库仑作用，这两个状态是一样的。只有在考虑磁的作用时，它们才显得不同（因为它们的磁矩方向不一样）。我们可以类似地来考虑强作用。把质子和中子也看做核子（记为 N）的某种旋（称为同位旋）在抽象空间内某方向（通常称第 3 轴）的朝上和朝下两种投影状态。这两种状态对强作用是一样的。当考虑电磁作用时，它们才显出不同。因此，可以认为核子的同位旋 I 为 $\frac{1}{2}$，其第 3 分量 I_3 对于质子为 $+\frac{1}{2}$（朝上），对于中子为 $-\frac{1}{2}$（朝下）。

同位旋的概念在强作用中十分重要。比如，π 介子也有同位旋，$I = 1$。因此，π 介子的同位旋有三个投影状态，对应于三个不同的电荷状态，即

$$\pi^+ (I_3 = +1)，\ \pi^0 (I_3 = 0)，\ \pi^- (I_3 = -1)。$$

粒子有四大类

在这期间，人们也已经了解到，基本粒子包含有四大类型，如表 2.3 所示。

表 2.3　四类"基本"粒子

名称		粒子	自旋	统计	作用
光子		γ	1	玻色	电磁
轻子		$e^{\pm}, \mu^{\pm}, \nu_e, \bar{\nu}_e, \nu_\mu, \bar{\nu}_\mu$	$\dfrac{1}{2}$	费米	电磁，弱
强子	重子	$p, n, \bar{p}, \bar{n}$	$\dfrac{1}{2}$	费米	强，电磁，弱
	介子	π^+, π^0, π^-	0	玻色	强，电磁，弱

光子是电磁作用的传递者，其自旋为 1，是玻色子。光子自成一个类别。

轻子是不具有强作用的费米子[①]，自旋为 $\dfrac{1}{2}$。我们在以前的叙述中曾小心地将（ν_e，ν_μ）与（$\bar{\nu}_e$，$\bar{\nu}_\mu$）区别开，为了表明中微子也得区分粒子与反粒子。可以用一个数来表征轻子。这个数叫轻子数，用 L 表示。凡是轻子，$L = +1$；凡是反轻子，$L = -1$；对于其他三类粒子，$L = 0$。所谓轻子，指 e^-、μ^-、ν_e、ν_μ；所谓反轻子，指 e^+、μ^+、$\bar{\nu}_e$、$\bar{\nu}_\mu$。引入轻子数的重要意义在于，实验证明，在所有已知的过程中，轻子数总是严格守恒的。比如，（2.8）的左边不是轻子，$L = 0$，其右边 μ^+ 和 ν_μ 的轻子数正好相反而抵消，μ^- 和 ν_μ 也一样，保持了左、右两边的轻子数都是 0。

实验还证明，e 轻子（e^-，ν_e）和 μ 轻子（μ^-，ν_μ）是两类不同的轻子。在所有已知的过程中，这两类轻子数是分别守恒的。如果只要求轻子数守恒而不要求 μ 轻子数和 e 轻子数分别守恒，那么诸如

$$\mu^- \to e^- + \gamma, \quad \mu^- \to e^+ + e^- + e^-$$

之类过程应当可以发生，而实际上人们从未观察到过这些过程。

强子是具有强作用粒子的统称，是基本粒子中为数最多的一类。强子又可分为两大类，自旋为半整数的称为重子，自旋为整数的称为介子。也可以用一个数来表征重子。这个数叫重子数，用 B 表示。

---

① 凡自旋为半整数的粒子，称为费米子，遵循费米-狄拉克统计法；凡自旋为整数的粒子，称为玻色子，遵循玻色-爱因斯坦统计法。

凡是重子，如 p、n 等，$B = +1$；凡是反重子，如 $\bar{\text{p}}$、$\bar{\text{n}}$ 等，$B = -1$；对于其他三类粒子，$B = 0$。迄今为止，所有已知的过程中，重子数也总是守恒的。介子可以在过程中产生，也可以在过程中被吸收，介子的数目是可以不守恒的。

表 2.4 列出了这些粒子的电荷 Q（以 e 为单位）、轻子数 L、重子数 B、同位旋 I 和同位旋第 3 分量 I_3。由表可知，对于核子和 π 介子，电荷 Q、重子数 B 和同位旋第 3 分量 I_3 之间存在着如下关系

$$2（Q-I_3）-B=0 \qquad\qquad (2.10)$$

表 2.4　四类粒子的基本量子数

量子数	光子	轻　　　子								介　子			重　子			
	γ	e^-	μ^-	ν_e	ν_μ	e^+	μ^+	$\bar{\nu}_e$	$\bar{\nu}_\mu$	π^+	π^0	π^-	p	n	$\bar{\text{p}}$	$\bar{\text{n}}$
Q	0	-1	-1	0	0	+1	+1	0	0	+1	0	-1	+1	0	-1	0
L	0	+1	+1	+1	+1	-1	-1	-1	-1	0	0	0	0	0	0	0
B	0	0	0	0	0	0	0	0	0	0	0	0	+1	+1	-1	-1
I										1	1	1	$\frac{1}{2}$	$\frac{1}{2}$	$\frac{1}{2}$	$\frac{1}{2}$
I_3										+1	0	-1	$+\frac{1}{2}$	$-\frac{1}{2}$	$-\frac{1}{2}$	$+\frac{1}{2}$

粒子过程的形象化表示——费曼图

在粒子物理发展初期，一般地人们对弱作用和强作用还只有一些粗浅的了解，然而，人们对电磁作用的认识却已经取得了重大突破。由于电磁作用比较弱，可以作为小量而用所谓的"微扰"方法来处理。这使得量子电动力学（简称 QED）的计算大大简化，它的建立就是这一重大突破的标志。量子电动力学是一门高度精确的物理理论，电子与光子之间的几乎一切过程均可以用它来精确处理。根据这个理论，一切过程均可以用叫做费曼图的图形来表示。用波线表示光子，用实线表示电子。实线是带箭头的，顺箭头方向运动的是粒子（电子），逆箭头方向运动的是反粒子（正电子）。每个顶点代表一个作用点，是两条实线和一条波线的接

点，其中一条实线箭头指向顶点，另一条实线箭头离开顶点。图形有个时间方向，过程沿时间方向进行。图 2.16 列举了四个例子，它们分别代表：

（a）电子对湮灭成两个光子——$e^- + e^+ \rightarrow \gamma + \gamma$

（b）电子与电子散射——$e^- + e^- \rightarrow e^- + e^-$

（c）光子与电子散射（即康普顿效应）——$\gamma + e^- \rightarrow \gamma + e^-$

（d）高能 γ 光子在原子核 X 附近转化为一对正、负电子——$\gamma + X \rightarrow X + e^- + e^+$

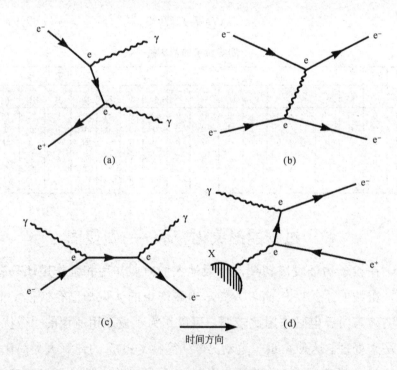

图 2.16　电磁散射的费曼图示

费曼图不仅有鲜明的物理含义，而且也有严格的数学含义。每一幅费曼图实际上也是一个明确的数学式子。费曼图由线段和顶点组成。线段代表粒子，顶点代表作用。内线是虚粒子，外线才是实际观察到的实粒子。图中顶点上标出的 e 是粒子电荷，代表电磁作用强度的量。

费曼图也可用来表示弱作用和强作用过程。比如图 2.17 中的两个图就分别代表：

（a）中子的 β 衰变过程——n→p + e⁻ + $\bar{\nu}_e$，这是弱过程；

（b）π 与核子的散射过程——π⁻ + p→n + π⁰，这是强过程。

图中顶点上的符号 G 和 g 分别代表弱作用强度和强作用强度的量。

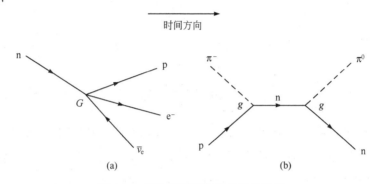

图 2.17　弱作用和强作用的费曼图示

第三章
一批不速之客——奇异粒子

一批不速之客

粒子物理发展初期，理论发挥了很大威力。中微子、正电子以及 π 介子都是先在理论上预言而后经实验发现的。但不久，20 世纪 40 年代末，罗切斯特（G.D.Rochester）和布特勒（C.C.Butler）等就发现了一批不速之客——一批当时无法解释的新粒子。这回轮到实验来冲击理论、推动理论了。

这批新粒子包括两大类：一类是比 π 更重的介子（重介子），如 K^+、K^0、$\overline{K}^0$、K^-；一类是比核子更重的重子（超子），如 Λ、Σ^+、Σ^0、Σ^-、Ξ^0、Ξ^-。

这些粒子奇怪在哪里呢？奇怪在于：它们通过强作用而产生，却通过弱作用而衰变！比如，用 π^- 轰击 p 可以产生 Λ

$$\pi^- + p \rightarrow \Lambda + X \text{（强）} \tag{3.1}$$

X 泛指其他粒子。Λ 是不稳定的，会按如下方式进行衰变

$$\Lambda \rightarrow p + \pi^- \text{或} n + \pi^0 \text{（弱）} \tag{3.2}$$

同样也有

$$\pi^- + p \rightarrow \Sigma^- + X \text{（强）}$$

$$\Sigma^- \rightarrow n + \pi^- \text{（弱）}$$

等。

通常，用来描述碰撞过程［如（3.1）］的物理量是"截面"，

而描述衰变过程［如（3.2）］的是"衰变率"（每秒衰变几率）或"寿命"（总衰变率的倒数，即平均生存时间）。

碰撞好比打靶，发生碰撞好比打中靶子。靶子面积愈大，愈容易打中。因此，可以用一个设想的靶面积（称作"截面"）来描述碰撞的难易程度。截面常用巴恩（b）、毫巴恩（mb）、微巴恩（μb）为单位，$1b=10^{-24}$ 厘米 ^{2}。

显然，作用愈强，过程愈强。因此，一般地说，对于碰撞过程，作用愈强，截面愈大；对于衰变过程，作用愈强，寿命愈短。

比较如下三种已知过程

$$\pi^- + p \rightarrow n + \pi^0 \text{（强）}$$

$$\gamma + p \rightarrow p + \gamma \text{（电磁）}$$

$$\bar{\nu}_\mu + p \rightarrow n + \mu^+ \text{（弱）}$$

设入射粒子（π^-，γ，$\bar{\nu}_\mu$）能量均为 1GeV，实验测出它们的截面约分别在 10mb，10^{-4}mb，10^{-11}mb 量级，其间的差别十分明显。当 π^- 能量为 1GeV 时，实验测定过程（3.1）的截面在 1mb 量级，表明过程（3.1）一定是一种强作用过程。

再比较如下衰变过程

$$\pi^+ \rightarrow \mu^+ + \nu_\mu \text{（弱）}$$

$$\pi^0 \rightarrow \gamma + \gamma \text{（电磁）}$$

它们的寿命分别为 10^{-8} 秒和 10^{-16} 秒。以后将会看到，强作用衰变的粒子寿命大多在 $10^{-22} \sim 10^{-24}$ 秒之间。大体上说，三种作用所对应的粒子寿命可用图 3.1 表示，它们的差别也是很分明的。实验测定，Λ 的寿命为 2.6×10^{-10} 秒，正是典型的弱作用过程。

10^{-20}		10^{-15}		秒
强		电磁		弱

图 3.1 三种作用粗略对应的粒子寿命范围

涉及的都是 π⁻、p、Λ，为什么在（3.1）过程中作用很强，而在（3.2）过程中却作用很弱呢？这是 20 世纪 40 年代末，50 年代初，使物理学家伤透脑筋的问题。

不速之客的标记——奇异数

盖尔曼（M.Gell-Mann）和西岛注意到，（3.1）和（3.2）两个过程有一个差别——（3.1）中有 X，而（3.2）中没有 X。从这里可以找到突破口。他们由此提出了一个解决前述矛盾的方案：

1. 假设重介子和超子是新的一类粒子，它们具有一种新的量子数，称为奇异数，记为 S。因此，这批"不速之客"被称为**奇异粒子**。

2. 假设奇异数 S 在强作用和电磁作用过程中守恒，而在弱作用过程中不守恒。

根据这个方案，只要假设 X 包含有奇异粒子，且其奇异数与 Λ 相反，前述困难就可解决。事实上，（3.2）的左边是奇异粒子，$S \neq 0$，右边不是奇异粒子，$S = 0$，这过程中奇异数不守恒，只可能是弱作用过程。但是，X 和 Λ 的奇异数相反，二者相消，使（3.1）两边的奇异数均为 0，因此（3.1）可以是强过程。

这个假说有一个重要的物理推论：在通常粒子（即非奇异粒子）的碰撞过程中，奇异粒子总是两个或两个以上协同产生的。这个推论完全被实验所证实。事实上，实验观察到的正是这种协同产生过程，比如

$$\pi^- + p \rightarrow \Lambda + K^0$$
$$\pi^- + p \rightarrow \Sigma^- + K^+$$
$$\pi^- + p \rightarrow \Xi^- + K^+ + K^0$$

等。

怎样来定义每个奇异粒子奇异数的具体数值呢？为此，先来

分析一下奇异粒子的分类。看一看这些粒子的质量就可以知道，它们是明显地分成一小族、一小族的。比如，超子中有 Λ，（Σ^+，Σ^0，Σ^-）和（Ξ^0，Ξ^-）三小族，每族内各粒子的质量相近，只是电荷不同（见表 3.1）。这个情况与（p，n）相似。因此，我们也可以用同位旋来描述它们，把一小族内不同电荷的成员仅仅看成是同位旋取向的不同，即同位旋第 3 分量的不同。比如，（Σ^+，Σ^0，Σ^-）有三种电荷态，表明 I_3 有三个值，因此其同位旋必为 1（$I=1$），$I_3 = +1$、0、-1。同样可知，（Ξ^0，Ξ^-）和 Λ 的同位旋分别为 $\frac{1}{2}$ 和 0。

这些超子的自旋都是 $\frac{1}{2}$，它们都是重子（$B=1$）。它们都有反粒子，对于反粒子，$B=-1$。注意，Σ^+ 不是 Σ^- 的反粒子，因为 Σ^- 和 Σ^- 不能进行湮没。Σ^- 的反粒子应记为 $\overline{\Sigma^-}$，它是 $B=-1$ 的带正电的粒子，是 1960 年王淦昌领导的实验小组所发现的（当时，王淦昌在苏联杜布纳联合原子核研究所工作，实验小组是由多国科学家组成的，组内中国学者还有王祝翔和丁大钊。

四个 K 介子（K^+，K^0，$\overline{K^0}$，K^-）的质量很接近（见表 3.1）。K 介子的自旋为 0。对于介子，K^+ 和 K^- 互为反粒子，K^0 和 $\overline{K^0}$ 也互为反粒子。粒子和反粒子的质量和寿命相同，因此 K^- 的质量和寿命同 K^+，过程也与 K^+ 类似（只是衰变产物中粒子变反粒子，反粒子变粒子），见表 3.1。K 介子的电荷多重态是（K^+，K^0），因此，

$$I = \frac{1}{2}, \quad I_3 = \left(+\frac{1}{2}, -\frac{1}{2}\right)$$

它们的反粒子组成另一个电荷多重态（$\overline{K^0}$，K^-），也是

$$I = \frac{1}{2}, \quad I_3 = \left(+\frac{1}{2}, -\frac{1}{2}\right)$$

值得注意的是，这些粒子的 I_3、Q 和 B 并不遵循（2.10）式。盖尔曼和西岛正是利用这一点来定义奇异数的。

表 3.1 弱衰变粒子的基本性质

	粒子	自旋	质量/MeV	寿命/秒	主要衰变方式
K介子	$K^\pm$	0	493.677	1.2371×10^{-8}	$K^+ \to \mu^+ \nu_\mu (63.51\%)$, $e^+ \nu_e (1.55 \times 10^{-5})$, $\pi^+ \pi^0 (21.16\%)$, $\pi^+ \pi^+ \pi^- (5.59\%)$, $\pi^+ \pi^0 \pi^0 (1.73\%)$, $\mu^+ \nu_\mu \pi^0 (3.18\%)$, $e^+ \nu_e \pi^0 (4.82\%)$
	$K^0, \overline{K^0}$	0	497.672	各约包含 50%的 K_L^0 和 50%的 K_S^0	
	K_S^0	0		0.8935×10^{-10}	$\pi^+ \pi^- (68.61\%)$, $\pi^0 \pi^0 (31.39\%)$
	K_L^0	0	$m_{K_L} - m_{K_S} = 3.489 \times 10^{-12}$	5.17×10^{-8}	$\pi^0 \pi^0 \pi^0 (21.13\%)$, $\pi^+ \pi^- \pi^0 (12.55\%)$, $\mu \nu \pi (27.18\%)$, $e \nu \pi (38.78\%)$, $e \nu \pi \gamma (0.362\%)$, 也包含极少量但极重要的: $\pi^+ \pi^- (0.2056\%)$, $\pi^0 \pi^0 (0.0927\%)$
超子	Λ	$\frac{1}{2}$	1115.683	2.632×10^{-10}	$p\pi^- (63.9\%)$, $n\pi^0 (35.8\%)$
	Σ^+	$\frac{1}{2}$	1189.37	0.8018×10^{-10}	$p\pi^0 (51.57\%)$, $n\pi^+ (48.31\%)$
	Σ^0	$\frac{1}{2}$	1192.642	7.4×10^{-20}	$\Lambda \gamma (\sim 100\%)$
	Σ^-	$\frac{1}{2}$	1197.449	1.479×10^{-10}	$n\pi^- (99.848\%)$
	Ξ^0	$\frac{1}{2}$	1314.83	2.90×10^{-10}	$\Lambda \pi^0 (99.51\%)$
	Ξ^-	$\frac{1}{2}$	1321.31	1.639×10^{-10}	$\Lambda \pi^- (99.887\%)$
	Ω^-	$\frac{3}{2}$	1672.45	0.821×10^{-10}	$\Lambda K^- (67.8\%)$, $\Xi^0 \pi^- (23.6\%)$, $\Xi^- \pi^0 (8.6\%)$

具体地说，他们把奇异数定义为

$$S = 2(Q - I_3) - B \qquad (3.3)$$

人们也常常定义另一个叫做超荷 Y

$$Y = S + B \qquad (3.4)$$

的量来代替奇异数 S。这样得到的奇异数 S 和超荷 Y 列于表 3.2 中。

表 3.2   弱衰变粒子的基本量子数

量子数	Λ	Σ⁺	Σ⁰	Σ⁻	Ξ⁰	Ξ⁻	K⁺	K⁰	$\overline{K^0}$	K⁻	Ω⁻
Q	0	+1	0	-1	0	-1	+1	0	0	-1	-1
B	1	1	1	1	1	1	0	0	0	0	1
I	0	1	1	1	$\frac{1}{2}$	$\frac{1}{2}$	$\frac{1}{2}$	$\frac{1}{2}$	$\frac{1}{2}$	$\frac{1}{2}$	0
I_3	0	+1	0	-1	$+\frac{1}{2}$	$-\frac{1}{2}$	$+\frac{1}{2}$	$-\frac{1}{2}$	$+\frac{1}{2}$	$-\frac{1}{2}$	0
S	-1	-1	-1	-1	-2	-2	+1	+1	-1	-1	-3
Y	0	0	0	0	-1	-1	+1	+1	-1	-1	-2

人们做了大量实验，均证明盖尔曼-西岛的假设是正确的。不过，实验上观察到的 Ξ^0 和 Ξ^- 的衰变过程总是

$$\Xi^0 \to \Lambda + \pi^0$$

$$\Xi^- \to \Lambda + \pi^-$$

却从未观察到过如下过程

$$\Xi^0 \to n + \pi^0, \ p + \pi^-$$

$$\Xi^- \to n + \pi^-$$

因此，在盖尔曼和西岛的方案中还应增加第 3 点。

3．弱作用过程中奇异数的改变遵循如下选择定则

$$|\Delta S| \leqslant 1 \tag{3.5}$$

上面那些未观察到的过程正是 $\Delta S = 2$，不遵循定则（3.5），因而是禁戒的。

注意，奇异粒子的衰变方式在表 3.1 中只列出了主要的一些，事实上，还有许多其他衰变方式，如

$$\Lambda \to p + e^- + \bar{\nu}_e \qquad p + \pi^- + \gamma$$

$$\Sigma^- \to \Lambda + e^- + \bar{\nu}_e$$

只是它们所占的分支百分比很小，特别是半轻子方式（即产物中既含强子，又含轻子），有重要意义，见表 3.3。

表 3.3　超子的半轻子衰变方式

粒子	衰变方式和分支比
Λ	$pe^-\bar{\nu}_e$ $(8.32\pm0.14)\times10^{-4}$ $p\mu^-\bar{\nu}_\mu$ $(1.57\pm0.35)\times10^{-4}$
Σ^+	$\Lambda e^+\nu_e$ $(2.0\pm0.5)\times10^{-5}$
Σ^-	$ne^-\bar{\nu}_e$ $(1.017\pm0.034)\times10^{-3}$ $n\mu^-\bar{\nu}_\mu$ $(4.5\pm0.4)\times10^{-4}$ $\Lambda e^-\bar{\nu}_e$ $(5.73\pm0.27)\times10^{-5}$
Ξ^0	$\Sigma^+e^-\bar{\nu}_e$ $(2.7\pm0.4)\times10^{-4}$
Ξ^-	$\Lambda e^-\bar{\nu}_e$ $(5.63\pm0.31)\times10^{-4}$ $\Lambda\mu^-\bar{\nu}_\mu$ $(3.5^{+3.5}_{-2.2})\times10^{-4}$ $\Sigma^0e^-\bar{\nu}_e$ $(8.7\pm1.7)\times10^{-5}$
Ω^-	$\Xi^0e^-\bar{\nu}_e$ $(5.6\pm2.8)\times10^{-3}$

奇中奇——中性 K 介子

奇异粒子中，中性 K 介子要算最奇的了。K^0 的奇异数 $S=+1$，而 $\overline{K^0}$ 的奇异数 $S=-1$。由于强作用中奇异数守恒，从强作用看，K^0 和 $\overline{K^0}$ 是两个完全不同的粒子。比如，在过程

$$\pi^- + p \rightarrow \Lambda + K^0$$

中产生的是 K^0，而在过程

$$K^- + p \rightarrow n + \overline{K^0}$$

中产生的却是 $\overline{K^0}$，这是非常分明的。

但在弱作用中奇异数不守恒。从弱作用看，K^0 和 $\overline{K^0}$ 之间是可以相通的。当然，从 K^0 变到 $\overline{K^0}$ 或者从 $\overline{K^0}$ 变到 K^0，奇异数均改变 2，不满足（3.5）式，因此不能由一次弱作用来联系。然而，通过 $\pi^+\pi^-$ 之类的中间态是可以经过二次弱作用使 K^0 和 $\overline{K^0}$ 相互转变的

$$K^0 \leftrightarrow \pi^+\pi^- \leftrightarrow \overline{K^0}$$

可见，从弱作用看，K^0 和 $\overline{K^0}$ 并不是完全不同的两种粒子。实际上，倒是 K^0 和 $\overline{K^0}$ 的两个混合态

$$K_L^0 \approx \frac{1}{\sqrt{2}}(K^0 + \overline{K^0}) \qquad (3.6)$$

$$K_S^0 \approx \frac{1}{\sqrt{2}}(K^0 - \overline{K^0}) \qquad (3.7)$$

才是弱作用看来真正不同的两个粒子。实验测定 K_L^0 和 K_S^0 的寿命分别为 5.17×10^{-8} 秒和 0.8935×10^{-10} 秒。前者主要衰变为 $\pi^+\pi^-\pi^0$、$\pi^0\pi^0\pi^0$、$\pi^-\mu^+\nu_\mu$、$\pi^+\mu^-\overline{\nu}_\mu$、$\pi^-e^+\nu_e$ 或 $\pi^+e^-\overline{\nu}_e$，而后者主要衰变为两个 π（即 $\pi^+\pi^-$ 或 $\pi^0\pi^0$）。它们的质量也略有不同，质量差为

$$m_{K_L^0} - m_{K_S^0} = 3.489 \times 10^{-12}\,\mathrm{MeV} \qquad (3.8)$$

这个质量差比起它们的质量本身来十分微小，但却是可以明确测出来的。

（3.6）和（3.7）也可以反过来写

$$K^0 \approx \frac{1}{\sqrt{2}}(K_L^0 + K_S^0) \qquad (3.9)$$

$$\overline{K^0} \approx \frac{1}{\sqrt{2}}(K_L^0 - K_S^0) \qquad (3.10)$$

这些有趣性质可以用一个实验生动地表演出来（图3.2）。用 π^- 介子轰击靶子，在靶中通过强作用过程

$$\pi^- + p \to \Lambda + K^0$$

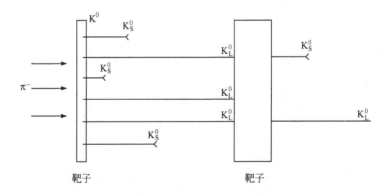

图3.2 K_S^0 的产生、衰变与再生

产生出 K^0 束，并让它们进入自由空间。K^0 在自由空间运动时将分解

成K_S^0和K_L^0而各自进行衰变。由于K^0可看成约由 50%K_S^0和 50%K_L^0组成，而K_S^0和K_L^0的寿命又相差 579 倍，只要通过自由空间的时间远长于K_S^0的寿命而又远短于K_L^0的寿命，K_S^0将全部在自由空间内衰变掉，到达第 2 靶子的将是那 50%的K_L^0。但是K_L^0进入第 2 靶子后将与靶内原子核发生强作用。在强作用过程中直接起作用的是K^0和$\overline{K^0}$。我们可以把K_L^0看成由约 50%K^0和 50%$\overline{K^0}$组成。如果$\overline{K^0}$被靶子吸收而K^0不被吸收，那么通过第 2 靶子后将全是K^0，这里又包含有 50%K_S^0和 50%K_L^0。就是说，K_S^0又再生出来了！当然，实际情况并不这么简单。然而，K^0和$\overline{K^0}$在第 2 靶子内的强作用过程肯定不一样。K^0的碰撞过程为

$$K^0 + p \rightarrow K^0 + p$$

而$\overline{K^0}$的碰撞过程为

$$\begin{cases} \overline{K^0} + p \rightarrow \overline{K^0} + p \\ \overline{K^0} + p \rightarrow \Lambda + \pi^+ \end{cases}$$

因此，经过第 2 靶子后，K^0和$\overline{K^0}$的相对含量和相位关系都有了变化，其结果还是有一部分K_S^0再生出来，使我们在第 2 靶子后又可以观察到K_S^0所特有的那种 2π（即 $\pi^+\pi^-$ 或 $\pi^0\pi^0$）衰变模式了。

第四章
镜子里的世界

对称与守恒

物理规律是物质世界的基本规律，物理规律的最普遍性质常常可以在粒子物理中得到明确的揭示和严格的检验。

物理规律中的最普遍性质也包括对称性，而对称性的研究在粒子物理中占有重要的地位。

对称性原是一个几何学名词，也是美学上的一个重要因素。比如，建筑学上，通常会采用对称的结构来显示美。见文前彩图所示，图 4.1 北京天坛、图 4.2 印度的泰姬陵就是两个具有对称美的古典宏伟建筑。图 4.3 是一盆花卉，整体上搭配得非常对称。这是人为的对于对称的偏爱，是一种艺术。但盆中的花朵也有明显的对称性，这就不是人为的了。事实上，在生物中，生来就是对称的现象太多了，比如图 4.4 所示就是植物中的一些例子。就是说，对称性不仅在美学中起重要作用，也应在客观规律中起重要作用。

为了深入讨论物理规律中的对称性，先来比较几个最简单的情形。比如，图 4.5 中（a）的五角星，（b）的圆，（c）的扑克牌花样，都是一些常见的对称图形。对称性实质上是某种不变性。比如，将图 4.5 中（a）的五角星转过 72°，整个图形完全不变；将（b）的圆转过任意角度，图形也不变；将（c）花样的左边变到右边，右边变到左边，图形也不变，实际上图形右边正是左边在镜子中的像。

图 4.1　北京天坛

图 4.2　印度的泰姬陵

图 4.3　花卉盆景的对称性

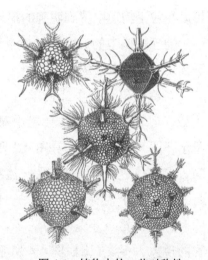

图 4.4　植物中的一些对称性

(a)

(b)

(c)

图 4.5　几个简单的对称图形

　　在物理学中，对称性具有更为深刻的含义，指的是物理规律在某种变换下的不变性。

　　比如，昨天的物理规律必同于今天，今天的物理规律必同于明天。300年前牛顿总结出来的规律，在完全相同条件下同样适用于今天。我们也深信，今天总结出来的规律，在完全相同条件下必同样适用于子孙后代。物理规律不会依赖于时间起点的选择。将整个时间移动一下，物理规律不会变化。这里所说的物理规律指的是客观规律。人们对物理规律的认识在不断进步，但客观规律则是不变的。如果今天在一定内在因素和一定环境条件下发生了遵循某种规律的物理现象，那么可以预言，明天在完全相同的内在因素和完全相同的环境条件下，必然也会发生同一规律的物理现象。这种对称性叫做物理规律的时间平移不变性。

　　又比如，物理规律也不依赖于空间坐标原点的选择，将整个空间移过一个位置，物理规律不会变化。北京的物理规律必同于南京，南京的物理规律必同于呼和浩特。如果在南京的实验室里做了某个实验，得到了某种物理结果，那么在呼和浩特的实验室里在完全相同的条件下做同一个实验，必然得到同样的实验结果。也许有人会说，即使实验室条件相同，南京和呼和浩特还有"地区差别"，比如地磁就不同。这是对的。应当强调指出，上面说的是"完全相同"，也不允许有地区差别。就是说，如果地磁对实验有影响，地磁差别也应设法消除或补偿。这种对称性叫做物理规律的空间平移不变性。

　　再者，如果将实验设备（包括测量设备、环境条件以及一切对实验有影响的因素）整个地改变一个方向（转过一个角度），实验结果也不会改变。这种对称性叫做物理规律的空间转动不变性。

　　现代物理学可以证明，物理规律每有一种对称性，就相应地存在一个守恒律，这是一个普遍原理，通常称为诺特（E.Noether）定理。上面所讨论的三种对称性是如此之明显，如此之自然，是不容置疑的。与它们相对应的三个守恒律：

$$\begin{cases} \text{时间平移不变性——能量守恒律} \\ \text{空间平移不变性——动量守恒律} \\ \text{空间转动不变性——角动量守恒律} \end{cases}$$

也经过了无数次反复的实验检验，从来没有发现过有任何不成立的迹象。因此，可以认为这三种对称性是严格成立的。

镜像与宇称

时间平移、空间平移和空间转动这三种变换都是可以连续进行的。此外，物理学上还存在着几种分立（不连续）变换的对称性，或称为反演不变性。熟知的有如下三种，并且也有三种相应的守恒律：

$$\begin{cases} \text{空间反演不变性——}P\text{守恒律} \\ \text{时间反演不变性——}T\text{守恒律} \\ \text{电荷共轭不变性——}C\text{守恒律} \end{cases}$$

空间反演，亦称镜像变换或 P 变换。空间反演不变性，实即左右对称性或镜像对称性。空间反演原指空间坐标相对于坐标原点的变换，即

$$x \to -x \quad y \to -y \quad z \to -z \tag{4.1}$$

左右变换或镜像变换指的只是空间坐标相对于镜面的变换，比如以 y-z 平面为镜面，变换应为

$$x \to -x \quad y \to y \quad z \to z \tag{4.2}$$

（4.1）与（4.2）之间只相差一个绕 x 轴的 180° 转动。由于转动不变性严格成立，空间反演与镜像变换之间没有实质性差别，因此空间反演不变性也反映物理规律在镜像变换下的不变性。换句话说，当所有环境条件和内在因素均换成镜像时，客体运动和物理结果也将变为原来的镜像。举个电学-力学例子：考虑图 4.6 左边那个实验，有一对平板电极，加有电压，一个电子自下而上穿越板间电场，由于被左侧正电极吸引，将略偏左而飞出。如果按照此实验在镜子中

的像那样再安排一套实验（如图 4.6 右边那样，中间点划线相当于镜子），这两套实验安排就是左右对称的。在图 4.6 右边的实验中一切均反了一个方向，正电极变到了右侧，因此电子将略偏右而飞出。图右方实验中电子的运动轨迹正好为左方轨迹的镜像，表明电学力学规律确实具有空间反演不变性。就是说，镜子里的世界也遵循同样的电学-力学规律。

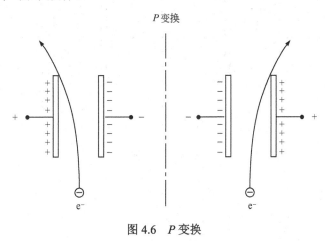

图 4.6　P 变换

电荷共轭，亦称粒子-反粒子变换或 C 变换。不过，这种变换并不一定要涉及电荷。中微子不带电，将中微子变换成反中微子，亦称电荷共轭变换。C 不变性是指将一切粒子变为反粒子同时一切反粒子变为粒子而物理规律不变。也举类似的电学-力学例子来说明，如图 4.7 所示。这时，C 变换相当于把所有的电荷变号，不仅正电极变负电极，负电极变正电极，而且电子 e^- 也要变为正电子 e^+。由于电子受正电极吸引与正电子受负电极吸引的力完全相同，粒子运动的轨迹将不会改变。这表明电学-力学规律确实具有 C 不变性。

时间反演即 T 变换。所谓 T 不变性是指物理规律在时间倒向下不变。确切些说，是指一切与时间有关的量中将时间倒向，比如将电流、速度方向反向，此时客体运动也将反向进行。仍举类似上述的例子，如图 4.8 所示。由于电极、电荷均与时间无关，它们在 T

变换下不变；但电子运动在 T 变换下将倒转方向。所以，T 变换后，电子仍沿同一轨迹运动，只是倒转了运动方向。这种反向运动也是符合电学-力学规律的。这就叫做 T 变换下的不变性。

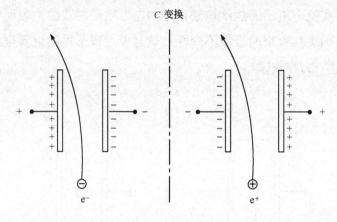

图 4.7 C 变换

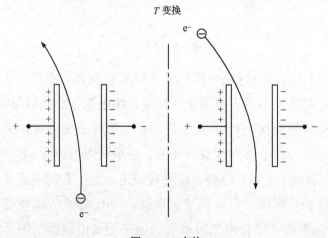

图 4.8 T 变换

空间反演（P）、时间反演（T）和电荷共轭（C）这三种分立变换对称性不像前述三种连续变换对称性那样明显。电荷共轭对称性原先对带电粒子提出，后来推广到任何粒子-反粒子变换。是否普遍成立，需要仔细考察。时间反演对称性在宏观物理现象中还有不少反例。比如热量总是从温度高的地方流向温度低的地方，倒流（时间反演）的情况是不存在的。不过，上面讨论的电子在电场中的运动，说明了电学-力学规律确实具有这三种分立对称性。现代物理学又证明，那种热力学起源的时间反演不对称性（如上述热量从高温流向低温的现象）实际上是一种统计效果，可根据时间反演对称的基本过程通过统计规律表现出来。因此，对于基本过程而言，这三种分立对称性在 1956 年以前一向被认为是严格成立的。尤其是空间反演不变性，实际上是一条十分古老的对称原理，几乎与那三种连续对称性同样地自然和明显。对于任何一个物理现象，如果将其一切环境条件和内在因素均换成其镜像，很难设想客体运动和物理结果会不按镜像方式进行。

空间反演不变性在量子力学中表现为 P 守恒，即宇称守恒。宇称是一个量子力学量，它比经典力学具有更进一层的意义。在经典力学中，如果一个体系的运动状态自身已经具有空间反演对称性或左右对称性，它在空间反演下就不再变化。但在量子力学中，空间反演对称的运动状态还可以区分为两类。因为体系的运动状态在量子力学中是用波函数 $\phi(\boldsymbol{r})$ 描述的，ϕ 在空间反演下不变的一类（如 $\phi(-\boldsymbol{r})=\phi(\boldsymbol{r})$）叫正（或偶）宇称态；变号的一类（如 $\phi(-\boldsymbol{r})=-\phi(\boldsymbol{r})$）叫负（或奇）宇称态。这两类状态的空间形状和内部运动（动量分布）取决于 $|\phi|^2$，因而都是空间反演对称的。

弱作用中宇称守恒吗？

随着对奇异粒子的研究不断取得进展，人们发现了一种可衰变为三个 π 介子的重介子（τ）和一种可衰变为两个 π 介子的重介子（θ），如

$$\tau^+ \rightarrow \pi^+ \pi^+ \pi^- \qquad \pi^+ \pi^0 \pi^0$$

$$\theta^+ \rightarrow \pi^+ \pi^0$$

由于 π 介子自身的宇称为负，因此 2π 状态的宇称为正，3π 状态的宇

称为负。如果空间反演对称性成立，则衰变过程应遵循宇称守恒定律，τ 和 θ 的宇称应当不同，它们应当是不同粒子。然而，实验测出 τ 和 θ 的质量相等，寿命也相同。如果它们不是同一种粒子，那就很难解释它们的质量和寿命为什么相同。反之，如果它们是同一种粒子，那么，衰变过程就不遵循宇称守恒定律，因而不具有空间反演对称性！这是 20 世纪 50 年代中期摆在粒子物理学家面前的一种新形势，即所谓 τ-θ 之谜。

李政道和杨振宁在 1956 年对这种矛盾情况作了详尽研究，他们发现，在强作用和电磁作用过程中宇称的守恒性已经有了确凿的实验证据，但是支配 τ 和 θ 衰变的是一种弱作用，而在弱作用过程中宇称是否守恒却还没有任何实验证据。因此，他们认为 τ 和 θ 实际上是同一种粒子（就是现在称之为 K 的介子），而宇称并不守恒。

人们对于弱作用的研究已经有了相当长的历史。从发现 β 放射性算起，已经历了半个多世纪；即使从费米提出 β 衰变理论算起，也已有二十多个年头。在这漫长岁月中，人们对于弱作用，尤其对于 β 衰变，已经做过大量实验，然而却没有一个实验曾经证明过宇称是否守恒。这是因为左右对称性从未有人怀疑过，人们一直相信它，应用它，从未想去检验它。当然，要怀疑这样一条基本定律，必须持非常慎重的严肃态度。李政道和杨振宁正是在彻底研究了所有已经做过的弱作用实验，并发现还没有一个实验曾证明过宇称是否守恒后，才提出弱作用中宇称可能不守恒的猜测。

但是，毕竟左右对称原理太明显、太自然了，以致人们很难相信宇称真的会不守恒。著名物理学家泡利就曾俏皮地说过："我就不信上帝竟然会是一个左撇子！"究竟宇称是否守恒，只有让实验来做出判断。为此，李政道和杨振宁设计了一系列可用来检验宇称是否守恒的实验方案。设计的原则是要安排两套实验装置，它们严格地互为镜像，然后在这两套装置中观测弱作用过程，看看两套装置中出现的是不是互为镜像的现象。

图 4.9　泡利和吴健雄

吴健雄的实验

确证弱作用过程中宇称不守恒的第一个，也是最著名的一个实验，是吴健雄等人所做的关于极化 ^{60}Co 原子核 β 衰变的实验。^{60}Co 原子核会放出电子 e^- 和反中微子 $\bar{\nu}_e$ 而衰变成另一种原子核 ^{60}Ni

$$^{60}\text{Co} \rightarrow {}^{60}\text{Ni} + e^- + \bar{\nu}_e$$

^{60}Co 本身像陀螺那样自转着（自旋），如图 4.10 所示。为了检验这个过程是否具有镜像对称性，可按图 4.10 左方和右方安排两套完全对称的实验，并在相应的两个镜像方向探测 ^{60}Co 原子核射出的电子 e^-，比较两个探测器中记录到的电子数。如果两个电子数有显著差异，就明确地表明了镜像不对称性。实际上，将图右方转过 180° 正好就是图左方的虚线位置。因此，只要用图左方一套装置测量在实线和虚线两个方向上射出来的电子数，就可以判断左右是否对称、宇称是否守恒了。

这个实验的一个困难在于如何使样品内 ^{60}Co 原子核的自旋方向整齐地排列起来。实际上，^{60}Co 原子核不仅有自旋，而且也有磁矩。就是说，它不仅像个小陀螺，而且也像块小磁铁。人们可以用电流线圈产生磁场来使小磁铁排列起来，从而也就将自旋排列起来了，如图 4.11 所示。将自旋排列起来就叫做极化。吴健雄实验就在于测量极化了的 ^{60}Co 原子核上、下两方向射出的电子数。

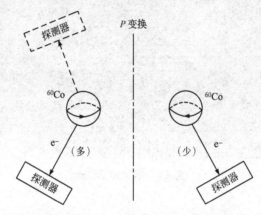

图 4.10　吴健雄实验示意图

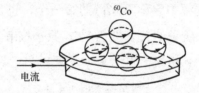

图 4.11　用电流线圈产生磁场使 ^{60}Co 核自旋排列起来

但是，样品内原子核的热运动会破坏原子核自旋的排列。只有将 ^{60}Co 样品放置在比绝对零度只高百分之一度那样的极低温度下，才能获得有效的自旋排列。

显然，如果使线圈中的电流改变方向，相应的磁场也就改变方向，使 ^{60}Co 自旋也向相反方向排列。因此，只要用一个探测器，在线圈中的电流改变方向前和后各测量一次，就可以得到相当于图 4.10 左和右两套装置的测量结果。实验结果表明，两次测量所得的电子数相差很大，相当于图 4.10 左方情形的电子数多，右方情形的电子数少，从而确证了 β 衰变过程不具有镜像对称性。这就是推翻宇称守恒定律的第一个实验。这个实验触发了全世界许多实验室在很短的时间内完成了大量实验，从各个角度证明弱作用中宇称确实不守恒，使杨振宁和李政道在提出理论的第二年（1957）就获得了诺贝尔物理奖。图 4.12 为 1960 年 Rochester 会议上的 8 位诺贝尔奖获得者，李政道和杨振宁也在其中（也见彩图插页）。

图 4.12　1960 年 Rochester 会议上的 8 位诺贝尔奖获得者

左起 E.Segrè、C.N.Yang、O.Chamberlain、T.D.Lee、E.McMillan、C.D.Anderson、I.I.Rabi、W.Heisenberg
（L.Cuzer 摄）

空间真的左右不对称吗？

让我们先来回顾一个历史故事。

如果你将一根指南针放在一个螺线管线圈内，那么，当线圈通以电流时，就会发现指南针的 N 极（北极）总指向螺线管的正方向（按右手定则，即右手的四指顺着电流时，大拇指方向就是正方向）。如图 4.13 左方所示，图中针的黑端表示 N 极。在图的右方画出了左方的"镜像"，它所表示的是指南针的 N 极指向螺线管负方向的情形，这在自然界中是不存在的。这是人们在一百多年以前就知道的"镜像不对称"的事例。

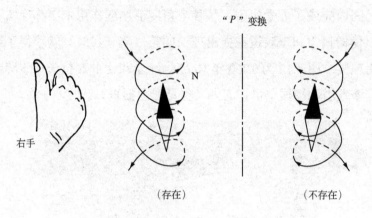

图 4.13　指南针在镜子里的像是什么？

　　这个事例真的表示空间具有左右不对称性吗？

　　按照镜像不变性，将一切环境条件和内在因素均变为镜像，现象和结果也应变为镜像。作为环境条件的螺线管线圈电流，在相对于中间的镜面（点划线）变为其镜像时，方向应当相反。但是，指南针在镜子里的像究竟是什么？N 极的像是否就是 N 极，S 极的像是否就是 S 极？这个问题决定于对指南针内部结构的正确认识。事实上，随着物理学的进一步发展，人们了解到，指南针的磁性乃是由一种相当于"分子电流"的东西产生的。从"分子电流"来看，其镜像"分子电流"的方向也应反过来，即指南针方向也应倒转，如图 4.14 所示。因此，线圈磁针的真正镜像不应当是图 4.13 的右方，而应当是图 4.15 的右方。图 4.15 左、右两方的情形在自然界中都是存在的。可见，图 4.13 的"镜像不对称性"只是表面现象，是对指南针（磁性）的内部结构缺乏认识的结果。一旦弄清了磁针的"分子电流"结构，磁学规律同样遵循镜像对称性就十分明白了。

　　我们是否可以同样设想，弱作用中宇称不守恒也只是由于对粒子的"内部结构"认识不足的表面现象呢？

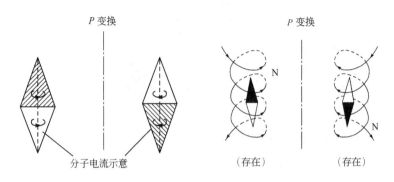

图 4.14　分子电流意义下指南针在镜子里的像　图 4.15　指南针的镜像对称性

反粒子才是粒子在镜子里的像?

为了回答上面的问题，首先要解决，粒子在镜子里的像究竟是什么？一个最自然的想法是，粒子在镜子里的像并不是粒子本身，而是它的反粒子。就是说，粒子的真正镜像是反粒子，同样，反粒子的真正镜像是粒子。因此，真正的镜像变换也许是 CP 而不只是 P，即不仅要作通常的镜像变换，同时还要作电荷共轭变换。按照这种认识，真正的镜像对称应当是图 4.16。图的右方不是 ^{60}Co，而是反原子核 $\overline{^{60}\mathrm{Co}}$。原子核 ^{60}Co 由 27 个质子和 33 个中子组成而反原子核 $\overline{^{60}\mathrm{Co}}$ 应当由 27 个反质子和 33 个反中子组成。尽管人们已经证明，^{60}Coβ 衰变在 ^{60}Co 核自旋的反方向（也在右手定则意义下）放射出来的电子比正方向多，这是通常意义下的镜像（P）不对称。如果实验测出 $\overline{^{60}\mathrm{Co}}$ β^+ 衰变在 $\overline{^{60}\mathrm{Co}}$ 核自旋的反方向放射出来的正电子比正方向少，而且多与少的比例关系正好相当，那么就可以说，真正的镜像对称（CP）是成立的。但是，没有现成的反原子核 $\overline{^{60}\mathrm{Co}}$，目前还无法做这种直接的实验。

为了检验这种认识，我们来分析加尔文（R.L.Garwin）等所做的实验，如图 4.17 所示。加尔文等的实验所测量的是静止 π^+ 衰变中放出的 μ^+ 相对于其自身运动方向的自旋取向。显然，图 4.17 左方的 μ^+

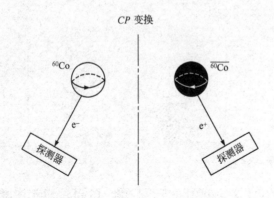

图 4.16　^{60}Co 的 CP 变换

是左旋的，即以大拇指为运动方向，粒子按左手四指方向旋转；而其 P 变换镜像（即图 4.17 的右方）的 μ^+ 就应是右旋的，即以大拇指为运动方向，粒子按右手四指方向旋转。实验上测得的 π^+ 衰变放出的 μ^+ 全部是左旋的，没有一个是右旋的。就是说，自然界存在的全部是图 4.17 左方的情形，而右方的情形是不存在的。因此，这个实验也确证了通常意义下的镜像不对称性。

应当注意，实验不仅可以用 π^+ 来做，同样也可以用其反粒子 π^- 来做。果然，实验上测得的 π^- 衰变放出的 μ^- 全部是右旋的，没有一个是左旋的，这正好表明了 CP 变换的不变性，如图 4.18 所示。

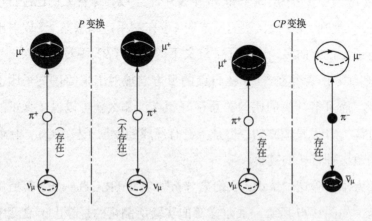

图 4.17　π 衰变的 P 变换　　　　图 4.18　π 衰变的 CP 变换

看来，空间仍然保持着左右对称性，只是人们对粒子性质的认识产生了一次飞跃：反粒子原来就是粒子在镜子里的像！非常有趣的是杨振宁在他的小册子《基本粒子发展简史》（1962）上介绍了荷兰画家埃舍尔的骑士图，见图 4.19（也见彩图插页）。这幅画与镜子里的像是不同的，但只要同时将黑马变为白马，将白马变为黑马，就会完全相同了，这正是 *CP* 守恒，*CP* 对称的情形。

图 4.19　埃舍尔的骑士图，它的镜像正好是黑马变白马，白马变黑马

左旋中微子

由于实验测定 π^+ 衰变产生的 μ^+ 全是左旋的，π^- 衰变产生的 μ^- 全是右旋的，根据 π 的自旋为 0 和角动量守恒，ν_μ 应是左旋的，而 $\bar{\nu}_\mu$ 应是右旋的。

μ^+ 全是左旋，这件事对于 μ 不具有本质意义。因为 μ 的质量不为 0，其速度总小于光速，从跑得比 μ 还快的参考系来看，运动方向相反而旋转方向不变，左旋的 μ^+ 就变成右旋了，见图 4.20 中的（a）和（b）。因此，对于 μ，它可以左旋（在 a 看来），也可以右旋（在 b 看来）。"全是左旋"的事实只是对"π 衰变"这一特定过程而言的结果。别的过程，比如 K^+ 的三体衰变

$$K^+ \rightarrow \pi^0 + \mu^+ + \nu_\mu \qquad (4.3)$$

过程中产生的 μ^+ 就有右旋的。

如果中微子的质量为 0，其速度就总是光速，不可能再有跑得比它更快的参考系。因此，ν_μ 的左旋性具有绝对意义，见图 4.20 中的（c）和（d）。这样，左旋性便是 ν_μ 的固有性质，过程（4.3）中放出的 ν_μ 也应全是左旋的。实际上，π^+ 衰变放出的 μ^+ 全是左旋正是 ν_μ 全是左旋及角动量守恒所要求的。

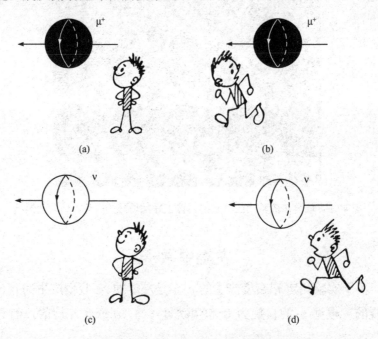

图 4.20　不同参考系中看自旋方向

迄今所知，各种弱过程中放出的 ν_μ 和 ν_e 全是左旋而 $\bar\nu_\mu$ 和 $\bar\nu_e$ 全是右旋。中微子的这个性质也是符合 CP 守恒的。

CP 仍有点不守恒

然而，1964 年，克利斯登森（J.Christenson），克朗宁（J.W.Cronin），费奇（V.L.Fitch）和特瑞（R.Turlay）在实验中又发现了一个重要现象：他们观察到每 1000 个 K_L^0 中大约有 3 个衰变为 $\pi^+\pi^-$ 或 $\pi^0\pi^0$。

应当注意，K_L^0 的主要衰变方式为 $\pi^0\pi^0\pi^0$，$\pi^+\pi^-\pi^0$，$\pi\mu\nu_\mu$ 和 $\pi e\nu_e$。$\pi^0\pi^0\pi^0$（同样 $\pi^+\pi^-\pi^0$）态的 CP 为负，而 $\pi^0\pi^0$（同样 $\pi^+\pi^-$）态的 CP 为正。因此，克利斯登森等发现的是 CP 不守恒现象。

我们知道，CP 守恒曾经挽救了空间的左右对称性。因此，CP 不守恒的发现又一次冲击了空间的左右对称性！为了看清问题的实质，我们来讨论 K_L^0 的轻子衰变

$$K_L^0 \rightarrow \pi^- + e^+ + \nu_e \tag{4.4}$$

经 CP 变换后，（4.4）变为

$$K_L^0 \rightarrow \pi^+ + e^- + \nu_e \tag{4.5}$$

（4.5）就是考虑了粒子变反粒子和反粒子变粒子后（4.4）在镜子里的像，如图 4.21 所示。实验上只要测出图 4.21 左、右方两种衰变方式是否一样多，就可以判断这种过程能否维持 CP 意义下的空间左右对称性了。本纳特（S.Bennett）等在 1967 年做了这个实验。实验结果是用参数

$$\delta = (e^+ - e^-) / (e^+ + e^-) \tag{4.6}$$

表示出来的，这里 e^+ 和 e^- 分别表示在 K_L^0 衰变产物中测得的正电子和负电子数。积累了三十多年的研究，现在 δ 的测量结果为

$$\delta = (3.27 \pm 0.12) \times 10^{-3}$$

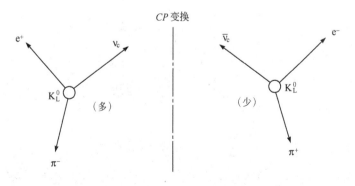

图 4.21　K_L^0 衰变的 CP 变换

就是说，1000 个 K_L^0 中，按（4.4）方式衰变的仅比按（4.5）方式衰

变的多出大约三个。δ 数值虽小，却肯定存在而且极为重要。看来，即使在 CP 意义下，空间也不能维持左右对称了！这个发现使克朗宁和费奇获得了 1980 年度的诺贝尔物理奖。

时间反演也有点不对称

C、P 和 T 都是反演性变换，这种变换连作两次就等于不变。比如，作两次 P 变换，将左边变到右边，又变回到左边，自然相当于不作任何变换。同样，作两次 C 变换或作两次 T 变换，也都相当于不作任何变换。因此，连续作 P 和 CP 变换，其结果相当于只作 C 变换。

由于弱作用过程中 P 明显地不对称而 CP 只有微小不对称或基本上对称，它在 C 变换下也应当是不对称的。比如，仍以 π 衰变为例，可用图 4.22 加以说明。图的左方表示 π^+ 衰变放出的 μ^+ 为左旋的，这正是实验观察到的；图的右方表示 π^- 衰变放出的 μ^- 也为左旋的，这在实验上从未观察到过。这种不对称性正是 C 不守恒。

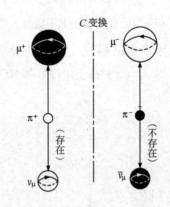

图 4.22　π 衰变的 C 变换

虽然，在弱作用过程中，P 和 C 均不守恒，CP 也稍有不守恒，但迄今所有实验却表明：CPT 是守恒的。就是说，弱作用规律在同时进行 C、P、T 三种变换下仍是不变的。

既然，*CPT* 守恒而 *CP* 稍有不守恒，那么在 *CPT* 和 *CP* 联合变换（相当于只作 *T* 变换）下也会稍有不对称。

有磁荷吗?

前面我们谈到，如果一根磁针是由南极和北极两个磁荷（如同电荷那样）构成的，那么磁学就不遵循通常的左右对称性。但是，现代所有的物理实验都证明，物质的磁性起源于电荷的运动（即所谓"分子电流"）而不是起源于磁荷，因此磁学规律仍是左右对称的。

然而，这并不是说，在粒子层次也一定不存在磁荷。有些理论，甚至有些实验，似乎表明可能存在磁荷。物理学家常把具有磁荷的粒子叫做磁单极子。如果真有磁单极子，那么涉及电荷与磁荷的过程就会是左右不对称的，即不具有 *P* 变换不变性。如图 4.23 所示，图中表示一个具有北磁荷 N 的磁单极子在电流线圈中的加速运动。显然，北磁荷 N 必按图左的方向加速，而不可能按图右的方向加速，呈现了明显的左右不对称性。

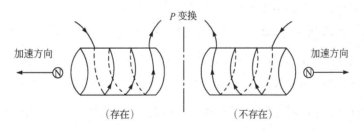

图 4.23　磁单极子过程的镜像不对称

不过，不涉及磁单极子的过程仍是左右对称的，而现代理论估计，磁单极子的质量必非常大，宇宙间即使有磁单极子，含量也会极为稀少。

生命的左右不对称性

李政道和杨振宁的弱作用中宇称不守恒的发现，像一道光芒射进了探索者的思想深处，引发了他们对自然界基本规律和对称性的重新思考。非对称性像一个精灵，它用画笔在物理世界简单性的背景上添加了美丽的花纹。非对称性又是一种动力，它是发展和演化之魂，创造了自然界多样化的演化模式，甚至创造了奇妙的生命。

生命处处是不对称的。有意思的是：从最基本的层面来讲，生物大分子（蛋白质和核酸）在立体结构上就是左右不对称的——氨基酸是左手性的，核酸中的核糖是右手性的。生物学家把这叫做分子手性。18 世纪中叶，当巴斯德首先发现了这种立体异构现象时，就天才地猜测说："生命是宇宙不对称性的功能表现的结果。宇宙是不对称的，生命由不对称力所主宰。我甚至设想一切活的物种，其结构和外形都是宇宙不对称性的功能表现。"手性对于生物分子的活性至关重要，DNA 双螺旋模型创立者之一克里克就把生物分子只用一套手性对映体称为"生物化学的第一原理"。为什么生命在最基本的层次上就破坏了左右对称性？为什么地球上所有生物的大分子都用同一套手性对映体？生物分子手性是如何起源的？一种自然的假设是把它归因于地球上或自然界中某种不对称的驱动力。例如磁场所提供的不对称力就是一种可能的候选者。实验发现磁场中的光化学反应，可以产生具有一定手性的络合物。当磁场强度 10 特斯拉（地磁场的 20 万倍）时，左右不对称性达到 10^{-4} 的量级。因此推测在某些具有强磁场的天体上，这种手性形成机制是起作用的。自然界的弱作用力具有普遍的左右不对称性，这也提供了另一个有趣的生物分子手性起源的可能机制。可以从理论上证明，在放射线 β 电子的照射下，氨基酸将产生不对称分解，左右不对称性达到 10^{-6} 的量级。当然，这种效应很微弱，要靠非线性化学动力学过程和聚合过程中的手性选择把这种微弱的不对称性放大。

手性起源和生命起源问题密切相关。生命是小几率事件，要从一系列相互连接的事件链条中去寻找一条通向生命之路，而在这个探索中，分子手性是一盏重要的指示灯。

第五章
短命粒子——共振子

这么短的寿命怎么测量?

前面谈到过的不稳定粒子都是弱衰变或电磁衰变的粒子,寿命比较长。比如 Σ^- ,其寿命为 1.479×10^{-10} 秒。如果这个粒子的速度接近光速,那么从其产生到衰变所走过的路程粗略估计约为 4.5 厘米。如果速度比光速小些,走过的路程还是测得出来,从而可以估计出粒子的寿命。

10^{-10} 秒,即一百亿分之一秒,这么短暂的时间,超出了诗人、文学家的任何想象,但今天的粒子物理学的检测能力却已经达到比它还短万亿倍的"一刹那"!如果一个粒子是通过强作用衰变的,由于作用力很强,过程极为迅速,粒子的寿命可以短到 $10^{-24}\sim10^{-22}$ 秒。这种粒子的速度即使很接近光速,在其寿命期内也只能走 $10^{-13}\sim10^{-11}$ 厘米,这样短的路程是无法直接测出来的。实际上,即使电磁衰变粒子如 π^0 ,其寿命约为 0.83×10^{-16} 秒,也已难于用直接测量路程的办法来测定其寿命了。

那么,极短的寿命怎么测量呢?

根据量子力学,在寿命 τ 和能量不确定范围(称能量宽度)Γ 之间存在着一个关系

$$\Gamma\tau \sim \hbar \qquad (5.1)$$

称为测不准关系。τ 愈短,Γ 就愈大。如果 Γ 以 MeV 为单位,τ 以

秒为单位，那么 $\hbar$ 的数值约为 6.58×10^{-22}。比如，$\tau \sim 5 \times 10^{-24}$ 秒，就有 $\Gamma \sim 130\text{MeV}$。可见，强衰变粒子的能量或质量具有很大的不确定范围，这是容易测出来的。因此，短命粒子的寿命常用能量宽度 Γ 来表征。

最早观测到的共振子

发现 π 介子后不久，人们就着手研究 π 与核子的散射。早在 20 世纪 50 年代初期，费米等就观测到，π 能量较低时，π 与核子的碰撞截面随着 π 能量的提高而增大。袁家骝和灵顿鲍（S.J.Lindenbaum）进一步提高 π 能量，发现截面上升到一个峰值后又下降了。峰值的存在是极为重要的，它表示了共振子的存在。图 5.1 所示就是散射过程

$$\pi^+ + p \rightarrow \pi^+ + p \tag{5.2}$$

的截面随着能量而变化的曲线。图的纵坐标是以毫巴恩为单位的散射截面，横坐标是以 MeV 为单位的质心能量（即在质心系统中 π^+ 和 p 的总能量）。曲线在质心能量为 1232MeV 附近呈现一个明显的高峰，其宽度约为 120MeV。这个特征表明散射过程是

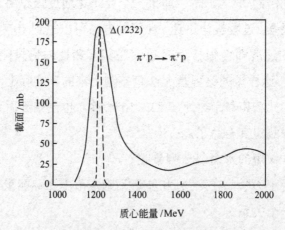

图 5.1　第一个共振子的发现

分两步完成的：

$$\pi^+ + p \rightarrow \Delta^{++} \rightarrow \pi^+ + p \tag{5.3}$$

第一步，π^+被 p 吸收而形成一个新粒子Δ^{++}，而后Δ^{++}再衰变为π^+和 p。Δ^{++}的质量为 1232MeV。如果这个质量确定，那么只有π^+和 p 的质心能量正好等于 1232MeV 时才会形成Δ^{++}，截面的曲线应当像图 5.1 中虚线那样。但是，$\Delta^{++} \rightarrow \pi^+ + p$ 是一个强衰变过程，寿命极短，因而Δ^{++}的质量（亦即能量）会有一个大的不确定范围。图 5.1 曲线呈现一个相当宽的峰，正是这一点的反映。曲线的宽度实际也就是Δ^{++}的质量不确定范围，$\Gamma \approx 120$MeV，相当于寿命$\tau \approx 5.7 \times 10^{-24}$秒。

Δ^{++}可以说是人类发现的第一个共振子。一般地说，在某些特定能量附近，过程发生几率出现明显高峰的现象称为共振现象。图 5.1 曲线便是典型例子。其实，类似的现象在原子核物理和原子物理中是屡见不鲜的。由于强衰变粒子的寿命极短，人们无法直接看到它们。但是，寿命极短却意味着宽度很大，人们正是通过共振曲线的峰值和宽度来证认它们的存在，测定它们的质量和寿命，因而人们也就给它们以共振子这个特别的名称。

继Δ^{++}以后，人们用类似方法又发现了Δ^+、Δ^0、Δ^-等

$$\pi^+ + n \rightarrow \Delta^+ \rightarrow \pi^+ + n, \ \pi^0 + p$$
$$\pi^- + p \rightarrow \Delta^0 \rightarrow \pi^- + p, \ \pi^0 + n$$
$$\pi^- + n \rightarrow \Delta^- \rightarrow \pi^- + n$$

Δ^+、Δ^0、Δ^-的质量基本上与Δ^{++}相等。它们的自旋又都是 3/2，因而它们可看成是同一粒子的四个电荷多重态。这表明，它们的同位旋是 3/2。Δ^{++}、Δ^+、Δ^0、Δ^-分别相应于同位旋第 3 分量为+3/2、+1/2、−1/2、−3/2。

共振子的大量涌现

Δ^{++}、Δ^+、Δ^0 和Δ^-是通过研究粒子的共振散射而发现的，是从初

态粒子能量中获得共振信息而证认的。用这种方法来寻找共振子有很大的局限性。它只适用于两体共振，而且两体中之一必须是稳定粒子，比如（5.3）中之 p，否则无法做成靶子；而另一个必须是寿命较长的粒子，比如（5.3）中之π^+，否则无法做成有效的"炮弹"。但是，极大多数共振子并不属于这种情形。比如（$\Lambda\pi$）型共振子Σ^*，π虽可用作"炮弹"，Λ却无法做成靶子。

20 世纪 50 年代末，60 年代初，阿瓦雷斯（L.W.Alvareg）等发展了一种从粒子强作用过程的终态中寻找共振子的方法，从而发现了大批共振子，使共振子物理获得了新的突破。比如，用$\overline{p}$去轰击 p，可以湮灭而成若干个π介子

$$\overline{p} + p \rightarrow \pi^+ + \pi^- + \pi^0 + k\pi \tag{5.4}$$

k为整数。现在的问题是要检查终态中哪些粒子可能是由某个共振子经强衰变而来的。比如，如果（5.4）中的$\pi^+\pi^-\pi^0$是由共振子ω衰变而来，即

$$\overline{p} + p \longrightarrow \omega + k\pi$$
$$\phantom{\overline{p} + p \longrightarrow} \longrightarrow \pi^+ + \pi^- + \pi^0$$

那么测量π^+、π^-、π^0的动量 p_+、p_-、p_0 和能量 E_+、E_-、E_0，就可以算出

$$M = \frac{1}{c^2}\sqrt{(E_+ + E_- + E_0)^2 - (p_+ + p_- + p_0)^2 c^2} \tag{5.5}$$

因为（$E_+ + E_- + E_0$）是3π系统的总能量，而（$p_+ + p_- + p_0$）是3π系统的总动量，M就是根据（1.6）式求得3π系统的等效质量，常称为不变质量。如果3π确由ω衰变而来，这个不变质量就应是ω的质量。对大量（5.4）那样的事例进行测量，算出每一事例的M，以M为横坐标，以相应事例数为纵坐标作图，就可以得到图 5.2 的结果。由图可见，在$M \approx 0.783 \text{GeV}$处出现一个峰，表明确有质量为$m_\omega \approx 783 \text{MeV}$的$\omega$粒子存在。当然，图中也有许多事例其$M$远离 783MeV，表明（5.4）这种过程不总是通过ω进行的，而且所选的 3 个π也不一定正好全是

ω的衰变产物。从图中 783MeV 处峰的宽度也可以估计出ω的宽度 $\Gamma\approx8.4\text{MeV}$，其寿命相当于 $\tau_\omega\approx7.8\times10^{-23}$ 秒。

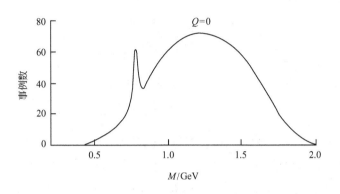

图 5.2　ω共振子的发现

图 5.3 中也画出了总电荷 Q 不为 0 的 3π系统（如π⁺π⁺π⁻等）的不变质量曲线，其中没有观察到任何类似峰。综合图 5.2 和图 5.3，表明只有中性的ω而没有荷电的ω。因此，ω是电荷单态，其同位旋应为 0。

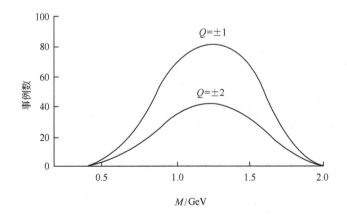

图 5.3　电荷不为 0 的 3π系统

从终态中寻找共振子的方法十分有用，许多共振子都是用这种方法发现的，比如

$$\pi^- + n \longrightarrow n + \rho^- \ (770)$$
$$ \longrightarrow \pi^- + \pi^0$$

$$K^- + p \longrightarrow \Lambda + \eta \ (549)$$
$$ \longrightarrow \pi^+ + \pi^- + \pi^0$$

$$K^- + p \longrightarrow \Xi^{*-}(1530) + K^+$$
$$ \longrightarrow \Xi^- + \pi^0, \ \Xi^0 + \pi^-$$

等，括号中的数字是以 MeV 为单位的共振子质量约值。至今人们已经发现了三百多种共振子（包括反粒子在内），这是粒子中成员最多的一类，阿瓦雷斯的这个贡献使他获得了 1978 年度的诺贝尔物理奖。表 5.1 列出了常见的若干共振子及其基本性质。表中 Δ 的主要衰变方式栏中的 N 表示核子，可以是 p，也可以是 n，由电荷条件确定。表中的共振子质量只列出了约值。

表 5.1　常见共振子的基本性质

名称	自旋	质量 / MeV	宽度 / MeV	寿命 / 秒	I	B	主要衰变方式
η	0	549	1.2keV	5.5×10^{-19}	0	0	$\gamma\gamma$（$\sim$39.33%） $\pi^0\pi^0\pi^0$（$\sim$32.24%） $\pi^+\pi^-\pi^0$（$\sim$23.0%） $\pi^+\pi^-\gamma$（$\sim$4.75%） $\pi^0\gamma\gamma$（$\sim 7.1\times10^{-4}$）
η'(958)	0	958	0.20	3.3×10^{-21}	0	0	$\pi^+\pi^-\eta$（44.3%） $\pi^+\pi^-\gamma$（29.5%） $\pi^0\pi^0\eta$（20.9%） $\omega\gamma$（3.0%） $\gamma\gamma$（2.1%）
ρ	1	770	150	4.4×10^{-24}	1	0	$\pi\pi$
K^*	1	892	51	1.3×10^{-23}	$\frac{1}{2}$	0	$K\pi$
ω	1	783	8.4	7.8×10^{-23}	0	0	$\pi^+\pi^-\pi^0$（88.8%） $\pi^+\pi^-$（2.21%） $\pi^0\gamma$（8.5%）
ϕ	1	1020	4.5	1.5×10^{-22}	0	0	K^+K^-（49.2%） K_LK_S（33.8%） $\pi^+\pi^-\pi^0$（15.5%） $\eta\gamma$（1.297%）
Δ	$\frac{3}{2}$	1232	120	5.5×10^{-24}	$\frac{3}{2}$	1	$N\pi$
Σ^*	$\frac{3}{2}$	1385	37	1.8×10^{-23}	1	1	$\Lambda\pi$（88%），$\Sigma\pi$（12%）
Ξ^*	$\frac{3}{2}$	1534	9.5	6.9×10^{-23}	$\frac{1}{2}$	1	$\Xi\pi$

共振子的电磁衰变

虽然电磁作用比强作用弱，但二者只相差几百倍。对于某些宽度比较小的共振子，表明强作用受到某种抑制，电磁作用就会相对地显现出来。

比如，由表 5.1 可知，ω 和 ϕ 是宽度比较小的共振子，它们的衰变方式中就都存在比较明显的电磁衰变方式（如 $\omega \rightarrow \pi^0 \gamma$ 和 $\phi \rightarrow \eta\gamma$）。$\eta$ 的宽度更小，电磁衰变方式占了相当高的比例，人们甚至常常不把它看做共振子而把它归到与 π^0 一样的长寿命粒子一类去。

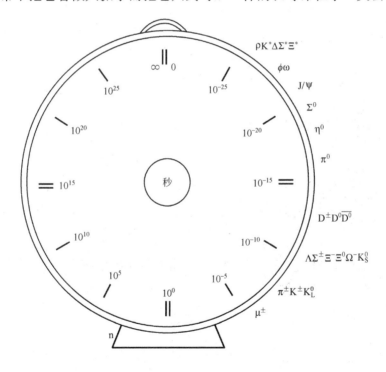

图 5.4　常见粒子的寿命图

前面五章我们已经讨论了各种粒子，各类衰变，粒子寿命长短千差万别，横跨近 30 个量级。图 5.4 绘出了常见的一些粒子的寿命。

粒子的寿命

第六章
到粒子内部去

强子结构的最初探索

迄今为止，已被发现的基本粒子竟多达约 400 个，其中极大多数都是强子。很难设想这么多粒子真都是基本的。大多数物理学家都认为这些粒子，至少强子，应当有其结构，由少数几种更基本的成分组成。

人们探索粒子的结构已有相当长的历史。故事得从 20 世纪 40 年代末说起，那时人们确切知道的强子还只有 p、n、π^+、π^0、π^- 这几个。$\bar{p}$ 和 $\bar{n}$ 虽然还没有发现，但由于狄拉克正电子理论的成功，人们已深信 $\bar{p}$ 和 $\bar{n}$ 一定存在。就在这种情形下，费米和杨振宁提出了第一个强子结构模型，即所谓费米-杨模型。他们认为，p 和 n 是基本的，而 π^+、π^0、π^- 则是由它们及其反粒子组成的。具体地说，π^+ 可看做由 p 和 $\bar{n}$ 组成，π^- 由 n 和 $\bar{p}$ 组成，而 π^0 则同时含有 $p\bar{p}$ 和 $n\bar{n}$。这个模型的基础是 p 和 n 两个粒子，通常称为 SU（2）模型，其构成可以概括地写成

$$\begin{cases} \pi^+ = p\bar{n} \\ \pi^0 = \dfrac{1}{\sqrt{2}}(p\bar{p} - n\bar{n}) \\ \pi^- = n\bar{p} \end{cases} \tag{6.1}$$

p 的重子数为 1，$\bar{n}$ 的重子数为 –1，合成 π^+ 的重子数为 0；p 带正电，

$\overline{n}$ 不带电，合成 π^+ 也带正电；p 的 $I_3 = +\frac{1}{2}$，$\overline{n}$ 也有 $I_3 = +\frac{1}{2}$，合成 π^+ 其 $I_3 = +1$。这些与 π^+ 的性质是相符的。读者不妨根据表 2.4 所列数值进行核对，无论电荷、重子数、轻子数或者同位旋，都能从（6.1）得到正确的 π 介子性质。

坂 田 模 型

奇异粒子被发现以后，费米–杨模型遇到了困难。因为 p 和 n 都不是奇异粒子，$S = 0$，由它们不可能构成奇异粒子。

为了能把奇异粒子也包括进来，坂田推广了费米–杨模型，认为 p、n 和 Λ 三个粒子是基本的，其他强子都由它们及其反粒子组成，这就是 1956 年提出的坂田模型。在这个模型中，π 介子仍按（6.1）式组成，K 介子是奇异粒子，其组成中必须含有 Λ 或 $\overline{\Lambda}$。具体地说，有如下形式：

$$\begin{cases} K^+ = p\overline{\Lambda} & K^0 = n\overline{\Lambda} \\ \overline{K}^0 = \Lambda\overline{n} & K^- = \Lambda\overline{p} \end{cases} \tag{6.2}$$

显然，按照这样的组成方式，无论电荷、重子数、同位旋或者奇异数，也都能给出正确的结果（见表 3.2）。不过，按照坂田模型，还应有 $p\overline{p}$、$n\overline{n}$ 和 $\Lambda\overline{\Lambda}$ 三种构成方式。这三种的 Q、B、I_3 和 S（或 Y）都相同，因而实验上观察到的粒子可能是它们的三种不同组合状态。π^0 是其中的一种组合状态（见（6.1）），另外两种后来在实验上也果真被找到了，即 η（549）和 η'（958），这是对坂田模型的支持。实际上，可以说 π^+、π^0、π^-、K^+、K^0、$\overline{K}^0$、K^- 和 η 构成八重态，而 η' 另外构成一个单重态。这些介子的自旋都是 0，而宇称都是负，常用 0^- 来标记它们（0^- 粒子称为赝标粒子）。

坂田模型虽然对于介子给出了较好的结果，但却完全无法解释重子。比如，Σ^+、Σ^0、Σ^-、Ξ^0、Ξ^- 等这些重子就很难用 p、n、Λ 来构成。

八重态与十重态

上面曾谈到，用坂田模型可以构成介子八重态——π^+、π^0、π^-、K^+、K^0、$\overline{K}^0$、K^-、η。这八个介子可以用一种 Y-I_3 图来表示它们，这是一种以 S 或 Y 为纵坐标而以 I_3 为横坐标绘制的图，见图6.1。图的中心为 π^0 和 η，它们的 Y 和 I_3，都是0，因而都画在图的中心。如果要把 η' 也画上去，它也将在图形的中心位置上。实际上 η 和 η' 的量子数一模一样，它们是可以相互混合的。

对于 ρ^+、ρ^0、ρ^-、K^{*+}、K^{*0}、$\overline{K^{*0}}$、K^{*-}、ω、ϕ 这九个介子，它们的自旋都是1，而宇称都是负（记为 1^-，称为矢量介子），质量也相差不远。将它们画在 Y-I_3 图上（见图6.2），也得到和图6.1一样的图形。图的中心有三个粒子，即 ρ^0、ω 和 ϕ。

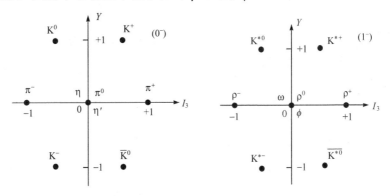

图 6.1　赝标介子（0^-）八重态　　图 6.2　矢量介子（1^-）八重态

值得注意的是，p、n、Σ^+、Σ^0、Σ^-、Λ、Ξ^0、Ξ^- 这八个重子，自旋都是 $\dfrac{1}{2}$，宇称都是正$\left(\text{记为 } \dfrac{1}{2}^+\right)$，质量相差也不远。这八个重子的性质相近，很难设想其中三个是基本的，而其余五个却是由它们组成的复合粒子。如果将这八个重子也画在 Y-I_3 图上，得到的图形（见图6.3）竟与介子八重态一模一样!这个事实使得盖尔曼和涅曼

（Y.Ne'eman）暂且撇开什么是更基本的粒子这类问题，转而专门研究 Y-I_3 图，研究八重态等粒子分类的对称性。这种对称性数学上叫做 SU（3）对称性。

如果将同位旋多重态比做小家庭，那么八重态就可以比做大家庭，它是由若干个小家庭所组成。八重态是一种幺正多重态，它包括一个同位旋三重态（如 $\Sigma^+\Sigma^0\Sigma^-$），两个同位旋双重态（如 pn 和 $\Xi^0\Xi^-$）和一个同位旋单重态（如 Λ）。

根据 SU（3）这种幺正对称性理论，不仅可以导出幺正八重态，还可以导出幺正单重态和幺正十重态等。图 6.1 中的 η' 可以看做幺正单重态的一个例子。

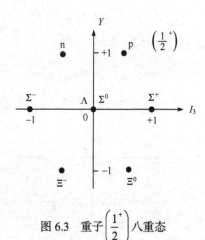

图 6.3　重子 $\left(\dfrac{1}{2}^+\right)$ 八重态

由于 Δ 是同位旋四重态，即 Δ^{++}、Δ^+、Δ^0、Δ^-；Σ^* 是同位旋三重态，即 Ξ^{*+}、Ξ^{*0}、Σ^{*-}；Ξ^* 是同位旋双重态，即 Ξ^{*0}、Ξ^{*-}。它们的自旋都是 $\dfrac{3}{2}$，宇称都是正 $\left(记为\dfrac{3}{2}^+\right)$，质量也相差不远，可以看做也是属于同一个幺正对称多重态的成员。我们不妨也把它们画到 Y-I_3 图上去，如图 6.4 所示。显然，如果只有九个粒子，这张图是不对称的。但如果在图中标着"？"的位置上补一个粒子，整个图就变得非常对称，这十个粒子，正是幺正对称十重态。

粒子中的"冥王星"

从图 6.1、图 6.2 和图 6.3 可以看出，这些图相当规则，相当对称。图的每一行都是一个同位旋多重态。同一行各粒子的超荷 Y 和奇异数 S 相同，质量也基本上相等，但电荷却不同，且自左向右电荷逐个递增。不同行的粒子，超荷和奇异数不同，质量也偏离较大，但还相差不算太远。有时，同一行内也有不止一个同位旋多重态的，比如图 6.3 中，同位旋三重态（Σ^+，Σ^0，Σ^-）和同位旋单重态 Λ 就在同一行内，质量却不同。从左上到右下的斜线上，各粒子的电荷相同，每条斜线的电荷向右上方向逐个递增。这些规则的对称性，在图 6.4 的十重态情形也同样存在。根据这些对称规则，可知图 6.4 中标有"？"号的位置上应当有一个 $Y = -2$、$S = -3$、$Q = -1$、自旋为 $\dfrac{3}{2}$、宇称为正的重子，记为 Ω^-。

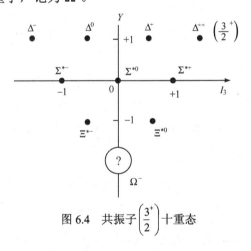

图 6.4　共振子 $\left(\dfrac{3}{2}^+\right)$ 十重态

这些 Y - I_3 图，好像粒子物理中的一张张周期表，把数百个看来杂乱无章的粒子，安排得井井有条。

化学史上，门捷列夫曾首次用周期表将化学元素排成十分规则的系列。当初，在门捷列夫的周期表中也曾留下过一些空格，预言了一些当时尚未被发现的元素，后来果然一一被发现。天文学史上，也有过一些伟大的理论预言，海王星和冥王星的预言和发现就是最著名的事例。这些是多么令人激动的科学故事！它们说明了科学预见的伟大力量。

图 6.4 上所预言的 Ω^- 能否被发现，是对盖尔曼和涅曼幺正对称理论的严峻考验。为了有效地寻找 Ω^-，必须先估算出它的质量。实际上，盖尔曼和大久保研究过每一个幺正多重态中各粒子的质量关系。比如，他们对于重子八重态 $\left(\dfrac{1}{2}^+\right)$ 得到了如下质量关系

$$2(m_N + m_\Xi) = m_\Sigma + 3m_\Lambda \tag{6.3}$$

这里，每一个质量代表一个同位旋多重态中各粒子的平均质量，比如 m_N 是 p 和 n 的平均质量。将表 2.1 和表 3.1 中的实验数据代入（6.3），左边为 4514MeV，右边为 4540MeV，两边相差不到 0.6%。可见，质量关系（6.3）与实验符合得很好，是对幺正对

称理论的一个很大支持。又比如，对于十重态重子 $\left(\dfrac{3}{2}^+\right)$，有如下

质量关系

$$m_{\Sigma^*} - m_\Delta = m_{\Xi^*} - m_{\Sigma^*} = m_{\Omega^-} - m_{\Xi^*} \tag{6.4}$$

表明 Δ、Σ^*、Ξ^* 和 Ω^- 四个同位旋多重态质量之间是等距离的。将表 5.1 的实验数据代入（6.4），

$$m_{\Sigma^*} - m_\Delta \approx 153\text{MeV}$$

$$m_{\Xi^*} - m_{\Sigma^*} \approx 149\text{MeV}$$

两者相差不到 3%，可知（6.4）的前一等式也与实验符合得很好。尤其重要的是可以根据（6.4）的后一等式算出 Ω^- 的质量约为 1683MeV。因此，根据幺正对称理论，可以相当准确地预言 Ω^- 的性质。

Ω^- 究竟怎样衰变？ 由式（6.4）和（3.3）式可知，Ω^- 的奇异数为 -3。所有奇异数守恒的衰变方式，比如 $\Omega^- \rightarrow \Xi^- \overline{K^0}$、$\Xi^0 K^-$ 或 $\Lambda K^- \overline{K^0}$，衰变子体的总质量都超过了 Ω^- 的质量，因而都不符合能量守恒的要求。能量上允许的衰变过程只可能是

$$\Omega^- \rightarrow \Lambda K^-,\ \Xi^0 \pi^-,\ \Xi^- \pi^0 \tag{6.5}$$

奇异数都不守恒，它们只能是弱作用。因此，Ω^- 的寿命应当在 10^{-10} 秒量级。这个结果使人十分惊讶!依一般规律，粒子越重，寿命越短。Ω^- 的质量比许多共振子都大，它是十重态重子中最重的一个，其寿命却比共振子长几十万亿倍!这是理论预言的惊人结果。

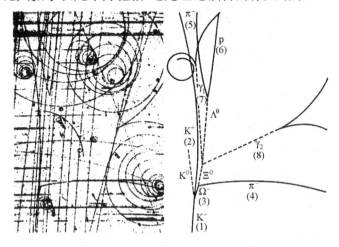

图 6.5　Ω^- 的发现

美国布鲁克海文实验室进行了大量实验工作。为了寻找 Ω^-，他们分析了 100 000 张气泡室照片。1964 年，终于发现了 Ω^- 这个粒子。图 6.5 所示是他们摄得的这张气泡室照片。根据对径迹所作的测量和计算，确定了各条径迹所代表的粒子，这些结果也描绘于图 6.5 中。这是 5GeV K^- 介子束射入氢气泡室所产生的事例，Ω^- 是 K^- 与 p 碰撞产生的，具体过程为

$$K^- + p \xrightarrow{\text{(强)}} \Omega^- + K^+ + K^0 \tag{6.6}$$

$$\downarrow \xrightarrow{\text{(弱)}} \Xi^0 + \pi^-$$

$$\downarrow \xrightarrow{\text{(弱)}} \Lambda + \pi^0$$

$$\downarrow \xrightarrow{\text{(电)}} \gamma_1 + \gamma_2$$

$$\downarrow \xrightarrow{\text{(电)}} e^+e^-$$

$$\downarrow \xrightarrow{\text{(电)}} e^+e^-$$

$$\downarrow \xrightarrow{\text{(弱)}} p + \pi^-$$

从图 6.5 中可以看到 Ω⁻ 走过的一段径迹，表明 Ω⁻ 的寿命并不是太短的。以后，别的实验室也找到了 Ω⁻。人们找到的 Ω⁻ 事例多了，对其性质的测量也就更精确了。现在测定的结果，Ω⁻ 的质量为（1672.45±0.29）MeV；其寿命为（0.821±0.011）×10⁻¹⁰ 秒；其主要衰变方式和相应的分支比为

$$\Omega^- \to \Lambda K^- (67.8 \pm 0.7)\%$$
$$\Xi^0 \pi^- (23.6 \pm 0.7)\%$$
$$\Xi^- \pi^0 (8.6 \pm 0.4)\%$$
$$\Xi^0 e - \bar{\nu}_e \sim (0.56 \pm 0.28)\%$$

（Ω⁻ 不是共振子，其数据列于表 3.1 中。）这些实验结果与理论预言符合得多好呀!

Ω⁻ 真是一颗粒子物理中的"冥王星"，它的发现有力地支持了 SU(3) 幺正对称理论，使盖尔曼获得了 1969 年度的诺贝尔物理奖。

夸克——一个奇怪的名字

在坂田模型中，p、n、Λ 被当作构成一切强子的基础。由这种粒子及其反粒子可以构成八重态和单重态的粒子。由三个这种粒子可以构成八重态和十重态的粒子。因为 p、n、Λ 的重子数 B 都是 1，所以在坂田模型中八重态的重子数 B 为 0 或 3，十重态的重子数 B 为 3，不能自然构成 $B=1$ 的八重态和十重态。然而，实验却支持盖尔曼和涅曼的分类法，表明重子数为 1 的八个 $\frac{1}{2}^+$ 重子和十个 $\frac{3}{2}^+$ 重子是八重态和十重态。由此可知，以三个粒子为基础建造的单重态、八重态和十重态是正确的，只是这三个粒子不是坂田的 p、n 和 Λ。

那么，三个基础粒子究竟是什么呢？

为要既可组成整数自旋，也可组成半整数自旋的粒子，基础粒子应当是半整数自旋的。作为最简单的模型，可以认为基础粒子的

自旋 $S = \dfrac{1}{2}$。

实验表明，$\dfrac{1}{2}^{+}$ 八重态和 $\dfrac{3}{2}^{+}$ 十重态的 $B = 1$ 而不是坂田模型所要求的 $B = 3$。因此，作为基础粒子的不应当是 $B = 1$ 的 p、n 和 Λ，而应当是 $B = \dfrac{1}{3}$ 的粒子。实际上，这种粒子不仅重子数是分数，其电荷也将不是整数。要知道，迄今所发现的粒子，全都是整数电荷的。三个基础粒子具有分数电荷就显得令人吃惊，以致它们一开始就获得了一个十分奇怪的名字——盖尔曼把它们叫做"夸克"（Quark）。夸克是什么意思？这是借用了詹姆士·乔伊斯写的一首题为《芬尼根的彻夜祭》的长诗中的一句：

"向麦克老大三呼夸克。"这里，夸克是海鸟的叫声。用三声夸克来称呼三个基础粒子，在科学史上也可算得一件趣事了。茨威格（G.Zweig）差不多同时也提出了夸克模型，不过，他取的名称不叫"夸克"，而叫"艾斯"（Ace）。这个名称没有得到通用。

通常用 u、d 和 s 来代表三个夸克（夸克的总称用 q 代表）。u 和 d，与坂田模型中的 p 和 n 相当，组成一个奇异数 $S=0$ 的同位旋双重态。u 为同位旋朝上（up）；d 为同位旋朝下（down）。s（strange），与坂田模型中的 Λ 相当，也是同位旋单态，奇异数 $S = -1$。根据盖尔曼-西岛公式（3.3），可以算得它们的电荷分别是 $\dfrac{2}{3}$、$-\dfrac{1}{3}$、$-\dfrac{1}{3}$。

这些性质列于表 6.1 中。u、d、s 构成幺正三重态，在 $Y - I_3$ 图中形成三角形，见图 6.6。

表 6.1　三种夸克的量子数

夸克	s	I	I_3	B	S	Y	Q
u	$\dfrac{1}{2}$	$\dfrac{1}{2}$	$+\dfrac{1}{2}$	$\dfrac{1}{3}$	0	$\dfrac{1}{3}$	$\dfrac{2}{3}$
d	$\dfrac{1}{2}$	$\dfrac{1}{2}$	$-\dfrac{1}{2}$	$\dfrac{1}{3}$	0	$\dfrac{1}{3}$	$-\dfrac{1}{3}$
s	$\dfrac{1}{2}$	0	0	$\dfrac{1}{3}$	-1	$-\dfrac{2}{3}$	$-\dfrac{1}{3}$

盖尔曼把它们称为夸克

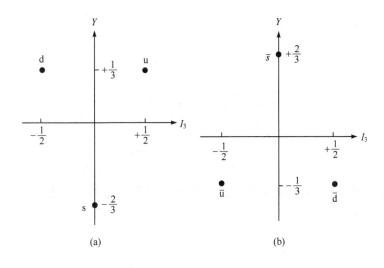

图 6.6　夸克和反夸克三重态

强子由夸克组成

有了夸克，就可以组成一切强子了。介子的 $B=0$，它们由夸克和反夸克组成；重子的 $B=1$，它们由三个夸克组成；反重子的 $B=-1$，它们由三个反夸克组成。强子结构的这种模型便是 1964 年盖尔曼和茨威格提出的夸克模型。

我们先来讨论介子的构成。因为介子是夸克-反夸克对（$q\bar{q}$），它可用图 6.6 的（a）和（b）叠合而成。以图 6.6（a）的三个点 u、d、s 为中心，叠上三个图 6.6（b）图形，就可得图 6.7。这个图的外形正好就是介子八重态（图 6.1 和图 6.2）。每一个介子正是由点上的反夸克 $\bar{q}$ 和相应图中心的夸克 q 组成。比如 0^- 介子的组成为

$$\begin{cases} \pi^+ = (u\bar{d})_{\uparrow\downarrow} & \pi^- = (d\bar{u})_{\uparrow\downarrow} \\ K^+ = (u\bar{s})_{\uparrow\downarrow} & K^- = (s\bar{u})_{\uparrow\downarrow} \\ K^0 = (d\bar{s})_{\uparrow\downarrow} & \overline{K}^0 = (s\bar{d})_{\uparrow\downarrow} \end{cases} \qquad (6.7)$$

图 6.1 的中心有三个介子，即 π^0、η 和 η'，而图 6.7 的中心也有三种 $q\bar{q}$，即 $u\bar{u}$、$d\bar{d}$ 和 $s\bar{s}$。这种不确定性正反映了 $u\bar{u}$、$d\bar{d}$ 和 $s\bar{s}$ 的

量子数相同，它们之间可以混合。π^0、η 和 η' 的结构可近似地写成

$$
\begin{cases}
\pi^0 = \dfrac{1}{\sqrt{2}}(u\bar{u} - d\bar{d})_{\uparrow\downarrow} \\[2mm]
\eta = \dfrac{1}{\sqrt{6}}(u\bar{u} + d\bar{d} - 2s\bar{s})_{\uparrow\downarrow} \\[2mm]
\eta' = \dfrac{1}{\sqrt{3}}(u\bar{u} + d\bar{d} + s\bar{s})_{\uparrow\downarrow}
\end{cases}
\tag{6.8}
$$

下标$\uparrow\downarrow$表示夸克和反夸克的自旋反平行，因而组成的介子是 0 自旋的。同样，1^- 介子的组成为

$$
\begin{cases}
\rho^+ = (u\bar{d})_{\uparrow\uparrow} \qquad \rho^- = (d\bar{u})_{\uparrow\uparrow} \\[2mm]
K^{*+} = (u\bar{s})_{\uparrow\uparrow} \qquad K^{*-} = (s\bar{u})_{\uparrow\uparrow} \\[2mm]
K^{*0} = (d\bar{s})_{\uparrow\uparrow} \qquad \overline{K}^{*0} = (s\bar{d})_{\uparrow\uparrow}
\end{cases}
\tag{6.9}
$$

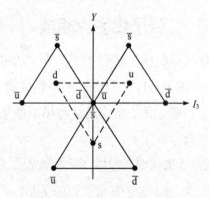

图 6.7　夸克与反夸克的组合

图 6.2 和图 6.7 中心粒子的混合情况为

$$
\begin{cases}
\rho^0 = \dfrac{1}{\sqrt{2}}(u\bar{u} - d\bar{d})_{\uparrow\uparrow} \\[2mm]
\omega = \dfrac{1}{\sqrt{2}}(u\bar{u} + d\bar{d})_{\uparrow\uparrow} \\[2mm]
\phi = (s\bar{s})_{\uparrow\uparrow}
\end{cases}
\tag{6.10}
$$

下标$\uparrow\uparrow$表示夸克和反夸克自旋平行，以组成自旋为 1 的介子。这些

情况可用图 6.8 表示。

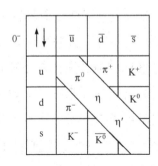 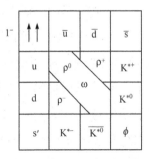

图 6.8　赝标介子和矢量介子的三个夸克组成

夸克的重子数 $B = \dfrac{1}{3}$，重子应由三个夸克组成。同样可以利用三个夸克三重态（图 6.6（a））作图形叠合来构成八重态（图 6.3）和十重态（图 6.4）。不过，情况比介子更复杂些。三个图形叠合，得先将两个叠合，然后将第三个再叠合上去。根据叠合的结果，可以求得重子八重态和十重态的如下组合

$$
\frac{1}{2}^{+}
\begin{cases}
\text{p} = (uud) & \text{n} = (udd) \\
\Sigma^{+} = (uus) & \Sigma^{-} = (dds) \\
\Xi^{0} = (uss) & \Xi^{-} = (dss) \\
\Sigma^{0}, \Lambda = (dss)\,\text{的两种不同组合}
\end{cases}
\tag{6.11}
$$

$$
\frac{3}{2}^{+}
\begin{cases}
\Delta^{++} = (uuu) & \Delta^{+} = (uud) \\
\Delta^{0} = (udd) & \Delta^{-} = (ddd) \\
\Sigma^{*+} = (uus) & \Sigma^{*0} = (uds) \\
\Sigma^{*-} = (dds) & \Xi^{*0} = (uss) \\
\Xi^{*-} = (dss) & \Omega^{-} = (sss)
\end{cases}
\tag{6.12}
$$

注意，这里八重态中三个夸克的自旋取向为↑↑↓，而十重态中三个夸克的自旋取向为↑↑↑。

夸克是基本粒子的组成成分。但是，夸克也未必是物质结构的最小单元，它仍可能只是物质结构特定层次的一个单元。因此，国

内曾称夸克为"层子"，并称强子由层子构成的模型为层子模型。由于"层子"也没有得到通用，以下将仍采用夸克这个名称。

按照幺正对称理论，可以建立重子之间的质量关系（如（6.3）和（6.4）），类似地，也可建立介子之间的质量关系，却不能建立重子与介子之间的质量关系。但是，从结构的观点来看，无论重子或者介子都是由夸克（和反夸克）构成，重子与介子不应有本质的区别，它们之间应当还会有一些新的质量关系。比如，我们曾于1968年求得了一些联系重子与介子的质量关系（陆埮、罗辽复、杨国琛，1968，1974），如

$$\frac{m_\rho - m_\pi}{m_{K^*} - m_K} = \frac{m_\Delta - m_N}{m_{\Sigma^*} - m_\Sigma} \tag{6.13}$$

$$4(m_\Delta - m_N) = 3(m_{K^*} - m_\rho) + (m_K - m_\pi) \tag{6.14}$$

这两个质量关系后来也分别为国外的德鲁杰拉（A.De Rújula）、乔奇（H.Georgi）、格拉肖（S.L.Glashow）（1975）和利普金（H.J.Lipkin）（1980）求得。这些关系与实验符合得相当好，是对粒子结构观点的一个支持。

夸克有"色"又有"味"

从（6.12）式可以看出，Δ^{++} 是由三个 u 夸克构成的。由于 Δ^{++} 的自旋为 $\frac{3}{2}$，这三个 u 夸克的自旋是平行的（比如均朝上，↑↑↑）。也就是说，三个 u 夸克处于完全相同的状态。但是，根据泡利原理，对于半整数自旋的费米子（夸克显然是费米子），不允许有两个或两个以上相同粒子处于同一状态。既然 Δ^{++} 内三个 u 夸克处于同一状态，它们就应当是不同粒子。那么，不同在哪里呢？粒子物理学界把这种不同的东西称作"颜色"。当然，这不是光学上真正颜色的原意，而只是借用了这个名称。因此，可以说，Δ^{++} 内的三个 u 夸克是不同颜色的，我们姑且称它们为红（R）、绿（G）和蓝（B），

记作 u_R、u_G 和 u_B。

　　然而，人们在粒子物理实验中却从来没有观察到过"颜色"这个新自由度。因此，可以认为"颜色"只在粒子内部有所反映，而在粒子的整体运动中却并无表现。可以说，所有重子都是由三个不同颜色的夸克组成，使粒子整体表现为白色（没有颜色）。介子由夸克和反夸克组成，夸克有颜色，反夸克有相应反颜色，也可以构成整体的白色性。

　　人们既然借用了"颜色"来区别 u_R、u_G和 u_B 的不同，因而也干脆借用"味道"这个词来区别 u、d 和 s 的不同。因此，要构成各种粒子，需要三味三色九种夸克（见图6.9）。夸克有色又有味，看来物质结构的这一层次还是相当丰富多彩的。

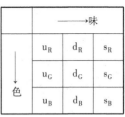

图 6.9　夸克的色与味

色是强作用的根源

　　不仅从 Δ^{++} 等粒子的组成上看，泡利原理要求夸克有三种色，而且色还是强作用的根源。

　　核力究竟是通过什么物质传递的？强作用的本质是什么？自从汤川预言的 π 介子被真正发现以后，人们就普遍接受了核力是通过 π 介子传递的观点，如图6.10所示。但是，核子和介子都是由夸克构成的。所谓核子与 π 介子的作用，归纳起来，仍应是夸克之间的作用，是核子内的夸克与 π 介子内的夸克之间的作用。通常，传递夸克之间强作用的粒子被称为胶子，形象地表示它好像胶水那样把夸克牢牢地胶粘在一起成为强子。这样，强作用的基本过程应是图6.11所示的夸克 q 与胶子 g 的作用。把它与电磁作用的基本过程（图6.12）相比较，夸克相当于电子，胶子相当于光子。电磁作用的本质是电子（或者任何其他带电粒子）的电荷与光子作用，而强作用的本质是夸克的"色"荷与胶子作用。色荷在强作用中的地位相当于电荷在电磁作用中的地位。

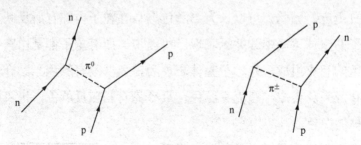

图 6.10　汤川散射的费曼图

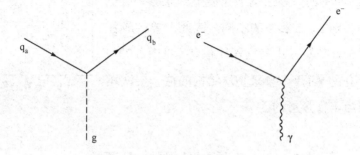

图 6.11　夸克胶子作用的费曼图　　图 6.12　电磁基本作用的费曼图

色作用有什么特点呢？

图 6.11 中，q_a 可以是 R、G、B 三色，q_b 也可以是 R、G、B 三色。如果 q_a 是 R 色，q_b 是 G 色，那么和它们作用的胶子应是 $G\bar{R}$ 色。这里上加横线表示"反色"，例如 $\bar{R}$ 表示"反红色"。如果 q_a 是 G 色，q_b 也是 G 色，那么相应胶子应是 $G\bar{G}$ 色。因此，胶子似应有九种色。但是，$R\bar{R}$、$G\bar{G}$ 和 $B\bar{B}$ 之间存在着一定关系，即 $R\bar{R}+G\bar{G}+B\bar{B}=$ 白色（即无色）。所以，实际上，胶子独立的色只有 8 种。

光子只有一种，它本身不带电，光子与光子之间没有直接作用；而胶子有 8 种，它本身带色，胶子与胶子之间有直接作用——这是胶子色作用与光子电磁作用的不同之处。

我们知道，夸克不仅有"色"，还有"味"。R、G、B 的差别是色的差别；u、d、s 的差别是味的差别。夸克的强作用，其本质是色的作用，与味是无关的。也就是说，u 也好，d 也好，胶子与它们的作用是一样的。胶子与夸克的作用，只看它是什么色，不管它是什么味。这种作用可能改变夸克的色，比如图 6.11 中，q_a 和 q_b 的色可以不同；但不会改变它的味，即 q_a 和 q_b 的味是相同的。

把强作用的基元过程归结为夸克的三种色和八种胶子的相互作用。这种理论通常称为量子色动力学，简写为 QCD。这个名称是仿照量子电动力学（简写为 QED）起的。量子电动力学研究带电粒子（如电子）与光子的相互作用；而量子色动力学则研究带色粒子（如夸克）与胶子的相互作用。这个理论已经获得了大量实验的支持。

从夸克角度看粒子过程

既然粒子由夸克构成，各种粒子过程就应当可以从夸克角度来考察。事实上，无论强过程、电磁过程或者弱过程，都可以从夸克层次进行更深入的概括，都可以用夸克的作用描绘出来。

上节已经谈到，强作用表现为胶子与夸克的色之间的作用，与夸克的味无关，也不改变夸克的味。因此，用夸克的味来表示，强作用的图示就比较简单。各种强作用过程相当于一些夸克–反夸克对的产生和湮没以及夸克和反夸克在散射过程中的重新组合过程。比如，过程

$$\pi^- + p \rightarrow \Sigma^- + K^+ \tag{6.15}$$

可用图 6.13 来表示。这个过程中包含有 u 和 $\bar{u}$ 一对夸克的湮没以及 s 和 $\bar{s}$ 一对夸克的产生，并通过散射和重组而形成 Σ^- 和 K^+。

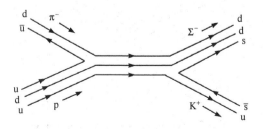

图 6.13　重子介子散射的夸克组成图

电磁作用过程应还包含有光子的产生和消灭等过程。比如，过程

$$e^- + p \rightarrow p + e^- \qquad (6.16)$$

可用图 6.14 来表示。图中波纹线即代表光子。电磁作用表现在电子与质子中的一个夸克之间交换光子。图 6.14 所示只是质子中一个 u 夸克的电磁作用，实际上应有三张图，因为质子中的三个夸克均有电磁作用。只是为了简单起见，这里只画了其中的一张图。

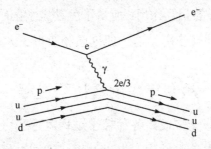

图 6.14　质子电子散射的夸克组成图

弱作用过程应包含有四条代表费米子的线相交于一点的作用。比如过程

$$n \rightarrow p + e^- + \bar{\nu}_e \qquad (6.17)$$

可用图（6.15）来表示。这里，中子的 β 衰变是 d 的 β 衰变的结果。核子的弱作用可以归结为其内夸克的弱作用。当然，中子内两个 d 夸克均可进行 β 衰变，为简单计，图 6.15 中也只画了一个。

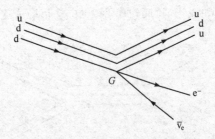

图 6.15　核子半轻子衰变的夸克组成图

再做"油滴"实验

从前面所述可以看出，夸克对于粒子物理的理论研究非常重要，而且有种种迹象显示其存在。但是实验上能否直接找到它，还是一个问题。尽管有些理论指出夸克被禁闭在粒子中，人们还是想方设法寻找其存在的直接实验证据。

大家知道，分数电荷是夸克区别于所有已知粒子的最重要，也是最易于鉴别的特征。自从夸克假说被提出以来，很多物理学家费尽心血去做寻找分数电荷的实验。

说也奇怪，最早在实验中发现分数电荷迹象的，却正是那位首先确认整数电荷的著名物理学家密立根！那还是 1910 年的事！密立根所做的就是著名的油滴实验。这个实验的最主要结论是证明了电荷只能是 e 的整数倍。但是，就在他那篇论证整数电荷的权威性论文中，却也包含了当时未被人注意而前不久才被历史学家发掘出来的一个注脚。密立根在这个注脚中写道：

> 我已去掉了在一个带电油滴上明显地看到的一次不肯定的没有重复出现过的观测结果，它给出这个油滴的电荷值比最终得到的 e 值大约要少 30%。

也就是说，密立根在他的油滴实验中发现了一个分数电荷 $\left(\dfrac{2}{3}e\right)$ 事例！但毕竟只是一个事例，还不足以确证夸克的存在。

1977 年，美国斯坦福大学费尔班克（W.Fairbank）小组做了类似油滴实验的超导铌球实验，他们发现有一个铌球的电荷为 (0.337 ± 0.09) e! 这正是 $\dfrac{1}{3}$ e! 近年，他们重复这个实验，又找到多个这种分数电荷事例。可惜还没有别的实验室重复出他们的这些实验结果。

至今，各种各样的实验均还没有确切地找到自由夸克。

卢瑟福实验的翻版

既然独立存在的夸克还没有被确切的发现，是否有比较直接的证据显示其存在于粒子内部呢？

不妨回想一下，人们首先发现的原子核就不是独立存在的原子核，而是存在于原子内部的原子核。这是卢瑟福用 α 粒子去轰击原子时，"看见"了其内部有一个原子核！

为了探寻核子内部是否还有更小的组成成分，人们还是用卢瑟福的老办法。不过，这回不能再用 α 粒子而得改用高能电子作为炮弹了。要研究核子的内部结构，用作探针的炮弹，其本身应当比核子小得多。核子的尺度约为 10^{-13} 厘米，α 粒子的尺度更大些，而电子的尺度则小于 10^{-15} 厘米。核子内部的结构主要由强作用决定，而强作用本身还是不甚清楚的。用作探针的炮弹最好不具有强作用而只具有已经弄得十分清楚的作用（比如电磁作用）。从这一点来看，最好的候选者还是电子。当然，由于波动性的存在，只有用波长远小于粒子尺度的高能电子，才能探明粒子内部的细节。

20 世纪 50 年代后期，霍夫斯塔特（R.Hofstadter）小组用几百至上千 MeV 的电子去轰击质子，发现电子与质子的弹性散射

$$e + p \rightarrow p + e$$

过程的几率随着电子能量和散射角的增大而很快下降，这表明质子内部的电荷是分布在一个不小的体积内的。他们也研究了电子与中子的弹性散射。中子虽然不带电，却具有磁矩，它仍能与电子发生电磁散射。实验测得，中子的磁矩也是分布在一个不小的体积内的。因而，质子和中子均可以看成为具有有限体积的微观客体。定量地说，质子和中子的半径均约为 0.8×10^{-13} 厘米。这个发现使霍夫斯塔特获得了 1961 年度的诺贝尔物理奖。

到了 1970 年前后，人们已掌握了更高能量的电子加速器，可以做

更细致的实验了。如果把质子看做是在 0.8×10^{-13} 厘米半径范围内的电荷连续分布的球体，那么对于更高的电子能量，弹性散射的几率会急剧下降。然而，用 $4.5\sim19\text{GeV}$ 的高能电子去轰击质子，观测到过程

$$e+p\rightarrow e+X \tag{6.18}$$

（X 可以包括许多强子）的几率非常大，比理论预言的约大 40 倍！这样大的几率只能解释为电子是在质子内部的点状电荷上发生散射。也就是说，当用能量不太高的电子去观察质子时，看到的是电荷在质子内的连续分布，用能量更高（因而波长更短）的电子去观察时，就看到了细节，其内的电荷竟还是一粒一粒的。同样，中子内部也发现有点状电荷存在着。费曼把核子内部的这种点状荷电粒子称为部分子。好像汤姆逊与卢瑟福之争在这新的领域内又重现了！

当然，现在的情况要复杂得多。这里遇到的不是简单的弹性散射，而是非弹性散射，并且是深度非弹性散射。X 可以是十分复杂的多粒子系统。但是，在一个层次上看来是非弹性散射，在更深一层次看来可能仍然是弹性散射。举个例说，考虑高能电子在氘核 D（由一个质子和一个中子构成的重氢原子核）上的散射过程

$$e+D\rightarrow e+p+n$$

从原子核的层次来看，这是非弹性散射，因为散射后原子核改变了性质；但从核子的层次来看，却仍然是弹性散射，因为散射后核子并没有改变。同样，电子在核子上的深度非弹性散射，在核子的层次来看是非弹性散射，在部分子的层次来看，仍可以看做是弹性散射。当然，实际情况是更为复杂的。核子内部诸部分子之间存在着极强的作用，当其中的一个与电子碰撞时，它受到其他部分子牵扯。不过，进一步的理论分析表明，在这种深度非弹性散射过程中，核子内的部分子发生显著变化的时间比起它与电子碰撞的时间来要长得多。因此，可以看成是单个自由的（似乎与其他部分子无关的）部分子与电子发生了散射，这是第一步；当电子在一个部分子上发生散射后，这个反冲的（被电子碰撞的）部分子走不多远就与其周

围部分子强烈地作用，最终形成许多强子（即 X）射出，这是第二步。因此，电子在核子上的深度非弹性散射实际上包括两个过程：一是电子在"自由"部分子上的弹性散射，一是反冲部分子与周围部分子之间的强过程（图 6.16）。

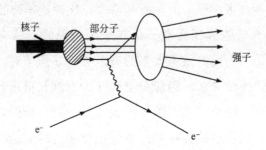

图 6.16　核子电子深度非弹性散射的部分子模型示意图

那么，部分子究竟是什么东西呢？最自然的一种猜想是，部分子可能就是夸克，或者至少有一部分是夸克。这种观点被称为夸克-部分子模型。

喷注——部分子的影子

按照夸克-部分子模型，原始的作用是通过夸克-部分子进行的。比如，在高能 e^+e^- 对撞过程中，首先通过电磁作用产生一对部分子（夸克）

$$e^+ + e^- \rightarrow q + \bar{q}$$

而后通过强作用发展成为两束强子（图 6.17）。根据动量守恒定律，q 和 $\bar{q}$ 应当向两个相反方向射出去。因此，由这一对部分子发展成的强子将形成明显的向相反方向射出的两束，这叫做喷射或喷注。如果不是通过部分子对这个中间阶段，强子应当向四面八方飞出，很难设想会形成方向相反的两束。实验上果然发现了这种喷射现象，这对于夸克-部分子模型是一个有力支持。因此，虽然夸克至今没有

被看见，但从部分子通过强作用发展形成的强子束却是可见的。喷
注代表了部分子的出射方向。

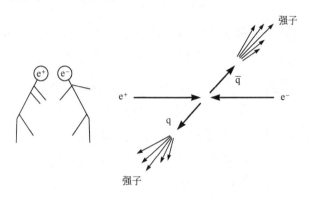

图 6.17　正负电子对撞的强子喷注

　　由 e^+e^- 对撞产生夸克对 $q\bar{q}$ 这个过程是一个电磁过程，是理论上
可以明确计算的。不过，计算结果决定于夸克的性质。比如，夸克
的自旋不同，其出射方向的分布也将不同。对于 e^+e^- 对撞中强子束
出射方向所进行的实验研究表明，部分子的自旋应为 $\dfrac{1}{2}$，这是对于
把部分子解释为夸克的一个支持。

　　1979 年，丁肇中小组发现，当对撞能量高达二三十 GeV 时，e^+e^-
对撞过程中除了两个主强子束外，有时还有一个或两个较小的强子
束，呈现三喷注或四喷注现象。图 6.18 所示即为一个三喷注事例。
这里，小的强子束可能是由胶子发展形成的。

图 6.18　三喷注现象

通 力 合 作

　　科学的发展需要杰出的科学家，也需要广大科学工作者的通力合作。虽然这本小册子中只提到了少数科学家的名字，实际上做出贡献的科学家是非常多的。尤其是当今的粒子物理实验，这是实验技术高度发展的工作。一个这种实验往往需要许多人合作才能完成。图 6.19 就是丁肇中小组发现三喷注现象的那篇论文的题目、作者和摘要的部分，论文作者有 57 人之多，我国唐孝威、许咨宗、张长春等许多学者也参加了这项工作。

VOLUME 43, NUMBER 12   PHYSICAL REVIEW LETTERS   17 SEPTEMBER 1979

Discovery of Three-Jet Events and a Test of Quantum Chromodynamics at PETRA

D. P. Barber, U. Becker, H. Benda, A. Boehm, J. G. Branson, J. Bron, D. Bukman, J. Burger,
C. C. Chang, H. S. Chen, M. Chen, C. P. Cheng, Y. S. Chu, R. Clare, P. Duinker, G. Y. Fang,
H. Fesefeldt, D. Fong, M. Fukushima, J. C. Guo, A. Hariri, G. Herten, M. C. Ho, H. K. Hsu,
T. T. Hsu, R. W. Kadel, W. Krenz, J. Li, Q. Z, Li, M. Lu, D. Luckey, D. A. Ma, C. M. Ma,
G. G. G. Massaro, T. Matsuda, H. Newman, J. Paradiso, F. P. Poschmann, J. P. Revol,
M. Rohde, H. Rykaczewski, K. Sinram, H. W. Tang, L. G. Tang, Samuel C. C. Ting,
K. L. Tung, F. Vannucci, X. R. Wang, P. S. Wei, M. White, G. H. Wu, T. W. Wu,
J. P. Xi, P. C. Yang, X. H. Yu, N. L. Zhang, and R. Y. Zhu

III. Physikalisches Institut Technische Hochschule, Aachen, West Germany, and Deutsches Elektronen-Synchrotron
(DESY), Hamburg, West Germany, and Laboratory for Nuclear Science, Massachusetts Institute of Technology,
Cambridge, Massachusetts, and National Instituut voor Kernfysica en Hoge-Energiefysica (NIKHEF), Sectie
H, Amsterdam, The Netherlands, and Institute of High Energy Physics,
Chinese Academy of Science, Peking, People's Republic of China
(Received 31 August 1979)

We report the analysis of the spatial energy distribution of data for $e^+e^- \to$ hadrons obtained with the MARK-J detector at PETRA. We define the quantity "oblateness" to describe the flat shape of the energy configuration and the three-jet structure which is unambiguously observed for the first time. Our data can be explained by quantum chromodynamic predictions for the production of quark-antiquark pairs accompanied by hard noncollinear gluons.

图 6.19 发现三喷注的论文标题、作者和摘要

第七章
J/Ψ 揭开了新的序幕

J/Ψ 的 轰 动

1974 年 11 月，粒子物理学界出现了新的轰动：丁肇中小组宣布发现了一个新粒子，他们称之为 J 粒子；稍后，几乎同时，利克特（B.Richter）小组也宣布发现了同一个新粒子，他们称之为 ψ 粒子。

J/Ψ 粒子

丁肇中小组是在研究

$$p + p \rightarrow e^+ + e^- + X \qquad (7.1)$$

过程时发现 J 粒子的。他们要研究的是碰撞产物中 e^+e^- 的关联问题，用的是共振子实验中常用的方法。他们测量了 e^+、e^- 的动量 p_+、p_- 和能量 E_+、E_-，然后算出不变质量 [类似于（5.6）式]

$$M = \frac{1}{c^2}\sqrt{(E_+ + E_-)^2 - (\boldsymbol{p}_+ + \boldsymbol{p}_-)^2 c^2} \qquad (7.2)$$

他们对每一个事例（7.1）都进行了测量，以不变质量 M 为横坐标，以相应事例数为纵坐标作图，把所得结果绘成了图7.1。图中显示出十分清晰的共振峰，表明确实存在着一个质量约为3097MeV 的粒子，这就是 J 粒子。过程（7.1）正是通过这个中间粒子J进行的。

$$
\begin{array}{l}
p+p \longrightarrow J+X \\
\qquad\qquad \longmapsto e^+ + e^-
\end{array}
\qquad (7.3)
$$

特别值得注意的是图 7.1 中的峰十分窄。由于丁肇中小组实验的能量分辨率仅为约 5MeV，由此还不能得到 J 粒子宽度的实际值，而只能说其宽度不超过 5MeV。无论如何，这表明 J 粒子是共振子中寿命十分长的一个！

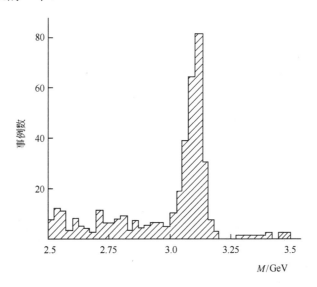

图 7.1　丁肇中小组发现 J 粒子

利克特小组研究的是完全不同的过程。他们用的是 e^+e^- 对撞机，研究的是 e^+e^- 对撞过程

$$e^+ + e^- \rightarrow X \qquad (7.4)$$

他们把测量数据以（e^+e^-）的质心系能量为横坐标，以过程

（7.4）的发生率为纵坐标，画出曲线，如图7.2。图中画出了 X
为强子、$\mu^+\mu^-$和 e^+e^- 三种情形。从图中可以清楚地看出，在3097MeV
处有个明显的共振峰。这正是 J 粒子。不过，利克特小组给它起了
另一个名字，叫 Ψ 粒子。因此，e^+e^-质心能量在3097MeV 附近的过
程实际上是分两步完成的

$$e^+ + e^- \rightarrow \Psi \rightarrow X \qquad\qquad (7.5)$$

由图7.2 可知，Ψ 粒子的宽度只有约63keV，比通常的共振子窄3～
4个量级，换句话说，Ψ 粒子的寿命长达～10^{-20} 秒。

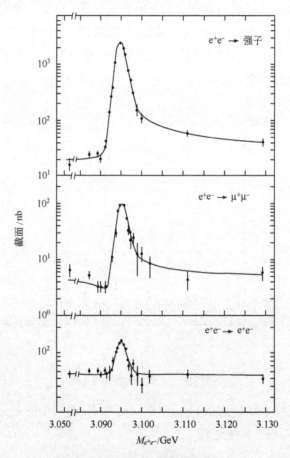

图7.2　利克特小组发现 Ψ 粒子

新粒子年年都有发现，司空见惯，并不稀奇。但是，J/Ψ这个新粒子却出世不凡，与众不同。它的被发现立刻引起了粒子物理学界的轰动。这个粒子的发现引发了大量的研究工作，成批的论文发表出来，但名称极不统一，J和Ψ旗鼓相当。为寻求名称统一，文献中甚至出现过造字"Ψ"，最后还是统一用J/Ψ，直至今天。

J/Ψ粒子究竟有什么奇特之点值得这么轰动呢？奇就奇在这个粒子的寿命特别长! 当然，10^{-20}秒，按绝对数值看，实在太短了。但是，只要查阅一下当时已知的所有共振子，就可看出，J/Ψ粒子的寿命比通常共振子长了1 000倍。一般地说，粒子的质量越大，衰变的可能方式就越多，寿命也应该越短。然而，J/Ψ的质量较之通常介子共振子大2～3倍，而寿命却长1 000倍! 这个特点实在太奇特了，只用三味夸克已无法加以解释! 这里一定存在着重要的新东西!

图7.3　J/Ψ粒子的发现者丁肇中（左）和利克特（右）

J/Ψ究竟是什么粒子?

J/Ψ究竟是什么粒子呢？既然不能由三味通常夸克来构成，最自然的是假设J/Ψ由第四味新夸克c和它的反夸克c̄构成。c是Charm(可爱和迷人的意思）的缩写，称为粲夸克。粲夸克的基本性质列于表7.1中。与表6.1相比较，可知粲夸克具有一个新量子数C，称为粲数。c

和 $\bar{c}$ 的粲数 C 分别为+1 和–1。实验证明，J/Ψ 的自旋为 1，宇称为负，因此是一种矢量粒子，是自旋平行的 c↑ 和 $\bar{c}$↑ 所组成的介子

$$J/\Psi = (c\bar{c})_{\uparrow\uparrow} \qquad (7.6)$$

表 7.1　粲夸克的基本量子数

夸克	s	I	I_3	B	S	Q	C
c	$\frac{1}{2}$	0	0	$\frac{1}{3}$	0	$\frac{2}{3}$	1

为什么说 J/Ψ 由 c$\bar{c}$ 组成就可以解释它的奇特性质呢？ 让我们先来讨论一下已知共振子的类似情况。ϕ 和 ω 的量子数相同，它们均可以衰变为 $\pi^+\pi^-\pi^0$。根据 5.1 可知，ϕ 的宽度为 4.5MeV，其 $\pi^+\pi^-\pi^0$ 衰变方式的分支比为 15.5%，因此 $\phi \to \pi^+\pi^-\pi^0$ 相应的部分宽度为

$$\Gamma(\phi \to 3\pi) = 4.5\text{MeV} \times 0.155 = 0.70\text{MeV} \qquad (7.7)$$

而 ω 的宽度为 8.4MeV，其 $\pi^+\pi^-\ \pi^0$ 方式分支比为 88.8%，因而 $\omega \to \pi+\pi^-\ \pi^0$ 相应的部分宽度为

$$\Gamma(\omega \to 3\pi) = 8.4\text{MeV} \times 0.888 = 7.5\text{MeV} \qquad (7.8)$$

可见，$\phi \to 3\pi$ 过程的几率远小于 $\omega \to 3\pi$。ϕ 与 ω 量子数相同，为什么同类衰变的几率相差这么大，而且质量大的 ϕ 的这种衰变几率反而比质量小的 ω 要小得多？从夸克层次来看，两种过程确实有重大差别，如图 7.4 所示。对于 $\phi \to 3\pi$ 过程，初态与终态的夸克线是不相连的；而对于 $\omega \to 3\pi$ 过程，初态与终态的夸克线则是相连的。由此可以得到一个规则，即初、终态夸克线不相连的图形所代表的过程，其几率要比相连图形小得多，这叫做茨威格规则。ϕ 的宽度本身之所以并不远小于 ω 的宽度，是因为 ϕ 还可以通过相连图形进行衰变，如 $\phi \to K^+K^-$（图 7.5）。由于已知粒子均是由夸克 u、d、s 和 $\bar{u}$、$\bar{d}$、$\bar{s}$ 构成的，如果 J/Ψ 由新夸克 c 和 $\bar{c}$ 构成，它就只可能通过不相连图形进行衰变（如图 7.6）。从下面的（7.14）式和表 7.3 还可看出，它的质量不足以按类似于图 7.4 那样的相连图形（J/Ψ $\to$ D$^+$D$^-$）进行衰变。因而 J/Ψ 的衰变几率必很小，

寿命就很长。

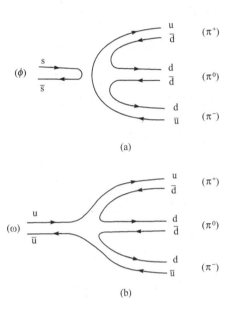

图7.4　矢量介子的3π衰变的两种不同夸克结构

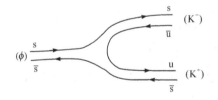

图7.5　$\phi \rightarrow K^+ K^-$的夸克表示

　　由于 J/Ψ 的质量远比通常强子大，所以衰变方式有几十种之多。表7.2 只列出少数几种，图7.6 只画出了两种。实际上，占分支比（87.7±0.5）%的 J/Ψ→强子，包含有非常多（上百种）的衰变方式，如 J/Ψ→$\pi^+\pi^+\pi^-\pi^-\pi^0$，$\pi^+\pi^-\pi^0 K^+K^-$，$p\bar{p}\eta$ 等等。

表7.2　J/Ψ 的衰变方式与分支比

粒子	衰变方式	分支比
J/Ψ	e^+e^-	（5.93±0.10）%
	$\mu^+\mu^-$	（5.88±0.10）%
	强子	（87.7±0.5）%

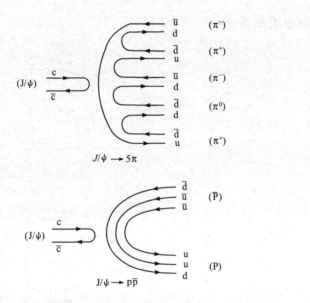

图 7.6   J/Ψ→强子的夸克表示

两 类 实 验

在 J/Ψ 被发现以前，实际上已经有两种实验表现出可能有 J/Ψ 这类新粒子存在的征兆。

一种实验是测量 pp 碰撞中产生出来的 μ 与 π 之比，当时测出的比值为 $\mu/\pi \approx 10^{-4}$。μ 怎么会在 pp 碰撞中产生？在当时已知的过程中，μ 主要地应是通过两步产生的：第一步产生 ρ^0、ω、ϕ 三种中性矢量介子

$$p + p \rightarrow (\rho^0,\ \omega 或 \phi) + X$$

这是强过程；第二步，这些矢量介子进行衰变而产生 μ 对

$$(\rho^0,\ \omega 或 \phi) \rightarrow \mu^+ + \mu^-$$

这是电磁过程。然而，产生 π 的过程

$$p + p \rightarrow \pi + X$$

则纯粹是强过程。根据这些以及 ρ^0、ω、ϕ 衰变为 $\mu^+\mu^-$ 的分支比，可以计算出 μ/π 比值，这个值比直接测量值 10^{-4} 要小一个量级。这

个事实表明，pp 碰撞中 μ 除了通过 ρ⁰、ω 和 φ 产生外，一定还有别的来源。J/Ψ 就提供了一个新来源（见表 7.2）。不过，只有 J/Ψ 还不足以解释 $\mu/\pi \sim 10^{-4}$。实际上，丁肇中小组原打算在为物理学家韦斯柯夫（V.F.Weisskopf）退休而举行的仪式（1974 年 10 月）上宣布他们发现 J 粒子的结果，但正是因为想寻找造成 μ/π 比值过大的进一步来源而推迟了这一宣布。

另一个实验是测量 e^+e^- 对撞中的强子产额与 $\mu^+\mu^-$ 产额的比值

$$R = \sigma\,(e^+e^- \to \text{强子})\,/\sigma\,(e^+e^- \to \mu^+\mu^-) \tag{7.9}$$

$\sigma\,(e^+e^- \to \text{强子})$ 是 e^+e^- 对撞产生强子的截面，$\sigma\,(e^+e^- \to \mu^+\mu^-)$ 是产生 μ 对的截面。按照部分子–夸克模型，在高能 e^+e^- 对撞中首先通过电磁作用产生一对夸克，而后这对夸克才发展成强子束而射出。因此，高能 e^+e^- 对撞中强子的产生截面应是产生各类夸克对的截面之和。由于产生夸克对电磁过程的截面正比于夸克电荷的平方，因此有

$$R = \sum_i Q_i^2 \tag{7.10}$$

这里应对各种可能出现的夸克求和。对于 u、d、s 三种夸克

$$\sum_i Q_i^2 = \left(\frac{2}{3}\right)^2 + \left(-\frac{1}{3}\right)^2 + \left(-\frac{1}{3}\right)^2 = \frac{2}{3} \tag{7.11}$$

如果考虑到夸克还有三种颜色，则

$$\sum_i Q_i^2 = 3 \times \frac{2}{3} = 2 \tag{7.12}$$

R 的实验测量结果绘于图 7.7 中。实验表明 e^+e^- 能量较低时，R 略大于 2，与（7.12）近似符合，而与（7.11）完全不符。这个事实也说明，夸克果真有颜色。

如果夸克只有三味三色，（7.12）所表示的 "2" 就已包括全部夸克的贡献，那么 e^+e^- 对撞能量越高，R 应越接近于 2。但是，图 7.7 的实验结果却表明，R 是随着能量增大而上升的。这个现象告诉我们，一

定还有质量较高的新夸克或别的新粒子（如新轻子）存在。当对撞能量较低，不足以产生这种新夸克对时，约为 2；随着能量的提高，新夸克对可以产生，R 就上升。把粲夸克 c 考虑进去，自然假设它也有三色，于是

$$R = \sum_i Q_i^2 = 3\left\{\left(\frac{2}{3}\right)^2 + \left(-\frac{1}{3}\right)^2 + \left(-\frac{1}{3}\right)^2 + \left(\frac{2}{3}\right)^2\right\} = 3\frac{1}{3} \qquad (7.13)$$

看来，图 7.7 的实验结果支持粲夸克的存在，并表明粲夸克是比较重的夸克。

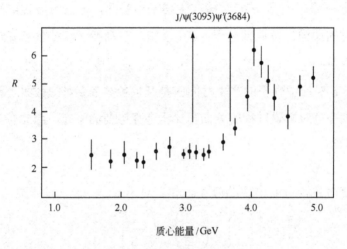

图 7.7　R 值随能量的变化

粲"原子"

既然 c 与 $\bar{\text{c}}$ 可以按自旋平行的方式组成自旋为 1 的系统，即 J/Ψ，也应当可以按自旋反平行的方式组成自旋为 0 的系统，记为 η_c。这种系统十分类似于氢原子，可以把它看成以 $\bar{\text{c}}$ 为"原子核"而以 c 为"电子"构成的一种"原子"，不妨称它为粲"原子"或粲素。

J/Ψ 和 η_c 是粲"原子"的两种基态。如同普通原子可以有各种各样的激发态那样，粲"原子"也可以有许多激发态。事实上，J/Ψ粒子发现后仅 10 天，利克特小组就又发现了一个称之为 ψ' 的新粒

子，它就是粲"原子"的一个激发态。后来又陆续发现了好多各种各样的激发态。

由粒子和反粒子组成的类氢原子，我们在第二章中曾经讨论过一个例子，那就是 e^+e^- 组成的正电子素。粲素与正电子素有个重要区别。正电子素的正、负电子之间只有库仑力，这与普通氢原子是类似的。但是，粲素内 c 与 $\bar{c}$ 之间不仅有库仑力，而且更重要的是存在一种交换胶子产生的色力。因此，粲原子的能级结构主要决定于色力。

带粲数的强子

粲夸克 c 的最主要特征是它具有一个新量子数，即粲数 C。但是，无论 J/Ψ、ϕ' 或者 η_c，其总粲数均为 0（注意 c 和 $\bar{c}$ 的粲数正好相反）。也可以说，在这些强子中夸克的粲数已被中和了。

既然存在 c，它就不仅可以组成 J/Ψ 等总粲数为 0 的强子。而且也应可以组成总粲数不为 0 的强子。 比如，可以组成如下自旋宇称为 0^- 的粲介子

$$\begin{cases} D^+=(c\bar{d})_{\uparrow\downarrow} & D^0=(c\bar{u})_{\uparrow\downarrow} \\ \overline{D^0}=(u\bar{c})_{\uparrow\downarrow} & D^-=(d\bar{c})_{\uparrow\downarrow} \\ D_s^+=(c\bar{s})_{\uparrow\downarrow} & D_s^-=(s\bar{c})_{\uparrow\downarrow} \end{cases} \quad (7.14)$$

也可以组成如下自旋宇称为 1^- 的粲介子

$$\begin{cases} D^{*+}=(c\bar{d})_{\uparrow\uparrow} & D^{*0}=(c\bar{u})_{\uparrow\uparrow} \\ \overline{D^{*0}}=(u\bar{c})_{\uparrow\uparrow} & D^{*-}=(d\bar{c})_{\uparrow\uparrow} \\ D_s^{*+}=(c\bar{s})_{\uparrow\uparrow} & D_s^{*-}=(s\bar{c})_{\uparrow\uparrow} \end{cases} \quad (7.15)$$

因此，图 6.8 应扩充为图 7.8。D_s 带奇异数，以前记作 F。

同样，c 也可以进入到重子的组成中去。比如，可以↑↑方式组成自旋宇称为 $\frac{1}{2}^+$ 的重子（图 7.9），也可以↑↑方式组成自旋宇称为 $\frac{3}{2}^+$ 的重子（图 7.10）。图中最下一层为 C=0 的原有重子，上

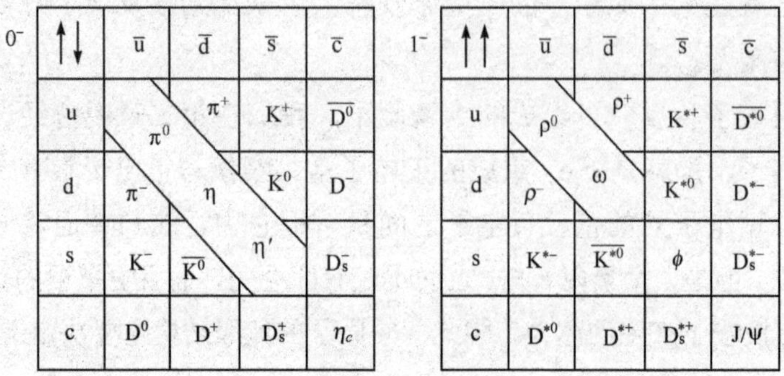

0^- ↑↓	$\bar{u}$	$\bar{d}$	$\bar{s}$	$\bar{c}$
u	π^0	π^+	K^+	$\overline{D^0}$
d	π^-	η	K^0	D^-
s	K^-	$\overline{K^0}$	η'	D_s^-
c	D^0	D^+	D_s^+	η_c

1^- ↑↑	$\bar{u}$	$\bar{d}$	$\bar{s}$	$\bar{c}$
u	ρ^0	ρ^+	K^{*+}	$\overline{D^{*0}}$
d	ρ^-	ω	K^{*0}	D^{*-}
s	K^{*-}	$\overline{K^{*0}}$	ϕ	D_s^{*-}
c	D^{*0}	D^{*+}	D_s^{*+}	J/ψ

图 7.8　赝标介子和矢量介子的 4 夸克组成

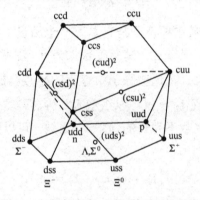

图 7.9　包括粲夸克 c 以后的重子八重态

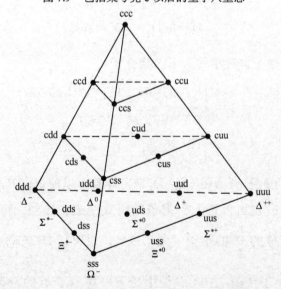

图 7.10　包括粲夸克 c 以后的重子十重态

面各层为 $C\neq0$ 的粲重子，其中$(csd)^2$、$(cud)^2$ 和$(csu)^2$ 意思是说由这些夸克可以组成两种 $\frac{1}{2}^+$ 重子态，犹如$(uds)^2$ 为 Σ^0 和 Λ 那样。

现在，实验上已经发现了不少带粲数的强子，这是对粲夸克 c 存在的有力支持。表 7.3 列出了实验上已经比较肯定的部分粲粒子的性质。

表 7.3 粲粒子的基本性质

粒子	同位旋	自旋宇称	质量 / MeV	寿命 / s 宽度 / MeV	衰变方式示例
$D^\pm$	$\frac{1}{2}$	0^-	1869	$10.51(13)\times10^{-13}s$	$D^+\to K^-\pi^+\pi^+$, $\overline{K^0}\pi^+$,……
D^0, $\overline{D}^0$	$\frac{1}{2}$	0^-	1865	$4.126(28)\times10^{-13}s$	$D^0\to K^-\pi^+$, $K^-\pi^+\pi^0$, $K^-\pi^+\pi^+\pi^-$,……
$D_s^\pm$	0	0^-	1971	$4.96^{+0.10}_{-0.09}\times10^{-13}s$	$D^+_s\to\eta\pi^+$, $\pi^+\phi$,……
$D^{*\pm}$	$\frac{1}{2}$	1^-	2010	<0.131MeV	$D^{*+}\to D^0\pi^+$, $D^+\pi^0$, $D^+\gamma$,……
D^{*0}, $\overline{D^{*0}}$	$\frac{1}{2}$	1^-	2007	<2.1MeV	$D^{*0}\to D^0\pi^0$, $D^0\gamma$,……
Λ_c^+ (cus)	0	$\frac{1}{2}^+$	2282	$2.06(12)\times10^{-13}s$	$\Lambda\pi^+\pi^+\pi^-$, $pK^-\pi^+$, $\Delta^{++}K^-$, $\overline{pK}^{*0}$

有意思的是，$D^\pm$、D^0、$\overline{D}^0$ 和 Λ_c^+ 的寿命均在 10^{-13} 秒量级，显然是一种弱衰变粒子。这些粒子的衰变产物均不带粲数（粲数为 0）。因此，可以说，弱作用中粲数是不守恒的。这个情况和奇异粒子的衰变相似，弱作用中奇异数也是不守恒的。

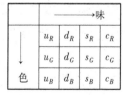

图 7.11 夸克的色和味

当然，c 夸克也有三色，因此图 6.9 应扩充为图 7.11。

"美丽"和"真理"

在丁肇中宣布他们发现了 J 粒子时，莱德曼（L.M.Lederman）惊呼他们小组丢失了早在 10 年前就可能发现这个粒子的机遇。那时他们在类似的实验中观测到了这个粒子的微小信号，只因信号太微而没有认出它来，功夫不负有心人，终于在 1977 年，他们小组又做出了一个有意义的发现。他们用更高能量的质子束去轰击靶子，测量了

$$p + p \rightarrow \mu^+ + \mu^- + X \tag{7.16}$$

过程中 $\mu^+\mu^-$ 对的不变质量的分布，发现了在 9500MeV 附近有一个不太明显的小丘（因为不太明显，这里没有称它为峰，而只称它为小丘）。他们这次没有放过它，认为这是一个新粒子，记为 Υ。

后来，在 e^+e^- 对撞机上工作的实验组进一步证实了 Υ 粒子的存在，并且发现这类粒子还不止一种。他们测得的结果列于表 7.4 中。

表 7.4　Υ 和 Υ' 的基本性质

粒子	自旋宇称	质量/MeV	宽度/MeV	衰变方式示例
Υ	1^-	9 460	~0.052 5	$\mu^+\mu^-$, e^+e^-, ……
Υ'	1^-	10 023	~0.044	$\Upsilon\pi^+\pi^-$, $\mu^+\mu^-$, e^+e^-, ……

Υ 的宽度相当窄，一般认为它一定是由更新的一种夸克和反夸克组成的。这种夸克被取名为"美丽"（beauty）或者"底"（bottom），用第一个字母"b"来记它。Υ 是由 b 和 $\bar{b}$ 按自旋平行的方式构成的

$$\Upsilon = (b\bar{b})_{\uparrow\uparrow} \tag{7.17}$$

Υ' 估计是 $(b\bar{b})_{\uparrow\uparrow}$ 系统的径向激发态。

"美丽"夸克 b 的电荷为 $-\dfrac{1}{3}$。从对称性来考虑，似乎还应存在一种电荷为 $+\dfrac{2}{3}$ 的夸克，这种夸克被取名为"真理"（truth）或者"顶"（top），记之以"t"。表 7.5 列出了 b 和 t 的各种量子数，其中 B

和 T 可以称为底数和顶数（如同 s 和 c 所具有的奇异数 S 和粲数 C
一样）。

表 7.5　b 和 t 夸克的基本量子数

夸克	S	I	I₃	Q	S	C	B	T
b	1/2	0	0	−1/3	0	0	1	0
t	1/2	0	0	2/3	0	0	0	1

"真理"终于被发现

虽然夸克不能单独存在，实验上也的确至今没有发现过独立出
现的夸克，但已经有种种迹象显示其存在。前面阐述的实验已经显
示 u、d、s、c 和 b 5 种夸克。由于夸克不能独立存在，人们难以测
量它们的精确质量。不过，人们还是可以通过间接实验数据估算出
它们粗略的质量范围（见表 7.6）。

表 7.6　6 味夸克的质量

夸克	u	d	s	c	b	t
质量	2.3 $\binom{+0.7}{-0.5}$ MeV	4.8 $\binom{+0.5}{-0.3}$ MeV	95 ± 5 MeV	1.275 ± 0.025 GeV	4.18 ± 0.03 GeV	173.21 ± 0.51 ± 0.71 GeV

由于夸克质量理论上尚无法推算，在一层厚厚的迷雾中去探索
新夸克，使顶夸克的寻找经历了十分艰难的历程。更由于夸克不能
单独存在，要发现顶夸克，加速器产生的粒子能量至少应达到顶夸
克质量的两倍以上。实际上，在 1977 年通过发现 ϒ 介子而发现底夸
克后，人们就着手寻找顶夸克。德国汉堡电子同步加速器中心
（DESY）和美国斯坦福直线加速器中心（SLAC）于 1979 年和 1980
年相继建成两台正负电子对撞机 PETRA 和 PEP，对撞产生的总能量
分别为 46GeV 和 30GeV。它们均没有找到顶夸克。随后，日本筑波
高能物理研究所（KEK），美国 SLAC 和欧洲核子研究中心（CERN）
的三台正负电子对撞机 TRISTAN、SLC 和 LEP，分别于 1987 年、

1989 年建成运行，能量分别为 30GeV＋30GeV、50GeV＋50GeV 和 55GeV＋55GeV。他们均投入了大量人力、物力，却仍然没有找到顶夸克。直到美国费米实验室于 1987 年建成一台能量为 900GeV＋900GeV 的正反质子对撞机 TEVATRON，用 CDF 和 D0 两大探测器，投入大量人力和物力，历时数年，直到 1995 年，才宣布找到了顶夸克。这个也叫"真理"的夸克终于找到了！从底夸克的发现到顶夸克的发现，从"美丽"到"真理"，经历了 18 年的漫长岁月。由此定出的顶夸克质量为 174.3 ± 5.1GeV。原来寻找顶夸克之困难主要在于它的质量非常大，以往所有的正负电子对撞机的能量均够不着！费米实验室的正反质子对撞机的能量足够，但那是强子对撞，背景非常复杂，数据分析十分困难，需要很长时间。根据 1994 年的记载，大约 1 万亿次碰撞中可找到 700 万件显示有意义的粒子相互作用的事例，其中大约 2 万例涉及 W 粒子，这是顶夸克能够衰变成的粒子。最后选中约 12 例代表顶夸克的衰变途径。这些探索又足足花费了一年的时间。可见难度十分可观。

轻子家族也添了新成员

1937 年以来，荷电轻子一直保持着只有两种（$e^{\pm}$和$\mu^{\pm}$）的局面。与强子舞台上经常大量出现新成员的热烈场面相比较，轻子舞台却长期冷冷清清。

1975～1976 年，由于 J/Ψ 的发现而掀起的寻找新粒子的高潮，也为轻子物理带来了新的进展。这期间，帕尔（M.L.Perl）小组发现了一种几乎比质子重两倍的新轻子，它是荷电的，记为$\tau^{\pm}$。$\tau^{\pm}$也是在 $e^{+}e^{-}$对撞机上发现的。实验中直接观测到的是

$$e^{+}+e^{-}\rightarrow\mu^{\pm}e^{\mp}+\text{多于两个未检测到的中性粒子} \qquad (7.18)$$

这个过程曾十分令人费解。我们知道 e 和 μ 是两类不同的轻子。e 轻子数和 μ 轻子数必须分别守恒，而（7.18）两边的 e 轻子数和 μ

轻子数却均不相等。要维持两类轻子数分别守恒，未检测到的中性粒子中必须有一个 e 中微子和一个 μ 中微子。这样，（7.18）应当写成

$$e^+ + e^- \rightarrow e^+ + \mu^- + \nu_e + \overline{\nu}_\mu + \text{其他中性粒子,}$$

或 　　　　　　　　　　　　　　　　　　　　　　　　　　（7.19）

$$e^+ + e^- \rightarrow e^- + \mu^+ + \overline{\nu}_e + \nu_\mu + \text{其他中性粒子.}$$

但是，轻子没有强作用，而从实验观察到的事例又相当多，肯定不是弱作用，只可能是电磁作用过程。然而电磁过程中只能产生一对一对荷电粒子，而上述过程中 $e^-\mu^+$ 不成对，$e^+\mu^-$ 也不成对，且中微子更不可能在电磁过程中产生。因此，这个过程一定是分两步完成的：先通过电磁作用产生 $\tau^+\tau^-$ 对

$$e^+ + e^- \rightarrow \tau^+ + \tau^- \tag{7.20}$$

然后 $\tau^\pm$ 再进行弱作用衰变，如

$$\begin{cases} \tau^+ \rightarrow \mu^+ + \nu_\mu + \overline{\nu}_\tau, \ e^+ + \nu_e + \overline{\nu}_\tau \\ \tau^- \rightarrow e^- + \overline{\nu}_e + \nu_\tau, \ \mu^- + \overline{\nu}_\mu + \nu_\tau \end{cases} \tag{7.21}$$

现在，$\tau^\pm$ 的存在已经完全肯定，实验测定的 $\tau^\pm$ 的性质列于表 7.7 中。由于 τ 轻子的质量很大，它的衰变方式非常多，τ 轻子的发现使帕尔获得了 1995 年度的诺贝尔物理奖。

值得注意的是，在本书初版时（1986），τ 轻子质量测定值为 1784MeV，而在 1991～1992 年间，中美科学家利用北京正负电子对撞机和北京谱仪重新测定了 τ 轻子质量，不仅精度有了很大提高，而且其值下降了约 7MeV。这个新值几乎一直保持至今没有什么明显变化，见表 7.7。

表 7.7　τ 轻子的基本性质

粒子	自旋	质量 / MeV	寿命 / s	衰变方式示例
$\tau^\pm$	$\frac{1}{2}$	1776.82 ± 0.16	$2.903\,(5) \times 10^{13}$	$\tau^- \rightarrow \mu^- \overline{\nu}_\mu \nu_\tau, e^- \overline{\nu}_e \nu_\tau, \rho^- \nu_\tau, \pi^- \nu_\tau, \rho^0 \pi^- \nu_\tau \cdots\cdots$

（7.20）中引入了与 τ 相应的中微子 ν_τ。通常认为这个中微子是有别于 ν_μ 和 ν_e 的另一类中微子，它的质量估计也是非常小的，

但目前实验上还只能定出其上限，即 m_{ν_τ} <18.2MeV。

连 ν_τ 在内，现在已知轻子有六种，即 e^-、ν_e、μ^-、ν_μ、τ^-、ν_τ，而夸克也有六种，即 d、u、s、c、b、t。轻子与夸克处在对称或相当的地位。轻子与夸克的区别在于夸克带色，因而夸克具有强作用，这种作用服从 QCD 规律；而轻子不带色，因而没有强作用。

轻子和夸克的三个世代

虽然轻子有六种，而夸克也有六味，仔细考察一下，还可进一步简化。轻子 e、μ、τ 非常相似，它们具有相同的电荷与自旋，参与同样的电磁作用和弱作用。中微子 ν_e、ν_μ、ν_τ 的情况也是这样。因此，通常把（ν_e, e）称为第一代轻子，（ν_μ, μ）称为第二代轻子，（ν_τ, τ）称为第三代轻子。对于夸克，也可进行类似的分类。可以把（u, d）称为第一代夸克，（c, s）称为第二代夸克，（t, b）称为第三代夸克。第二代、第三代粒子好像是第一代粒子的重复再现。除了一代比一代质量大以外，其他物理性质各代粒子非常相似。世代重复现象是粒子物理中一个明显的规律性，十分有趣，却不易解释。特别是第三代粒子（轻子和夸克）的质量远比一、二代粒子大得多，更是一个谜。

第八章
走向统一

统一理论的历史回顾

科学发展的历史一再证明，人类认识的每一次飞跃总是导致一种新理论的建立，这种新理论将原来认为十分不同的领域统一起来，从而可以概括更多的东西：

牛顿力学的建立（1686 年）统一了地上的运动规律与天上的运动规律。

安培和法拉第的工作（1831 年）统一了电学与磁学。

麦克斯韦的电磁理论（1873 年）进一步统一了电磁学与光学。

爱因斯坦的狭义相对论（1905 年）统一了空间与时间概念。

爱因斯坦的广义相对论（1916 年）进一步统一了空间、时间与物质运动。

统计物理学（1901 年）在宏观物理与微观物理之间架起了桥梁。

量子力学（1926 年）的建立更统一了物理学与化学。甚至生物学，至少是部分的生物学，也将统一进来。

经过一系列统一理论的建立，使人们认识到，物质世界的一切物理规律归根到底都受到四种决然不同的基本作用力的支配。现代的物理理论又试图在这四种基本作用力之间寻求统一。

第一个致力于在基本作用力之间建立统一理论的是爱因斯坦。他以巨大的热情，耗尽了约 30 年的光阴，试图统一电磁场与引力场

理论，却没有成功。然而，他的致力于建立统一理论的信念和热情
却一直鼓舞着后继的学者们。

四种作用的比较

为了研究各种不同的作用力是否可以统一以及怎样能够统一，
必须对四种作用力做更为细致的比较。由于电磁作用人们了解得最
为清楚，这里我们将以电磁作用为标准来进行比较。

首先，让我们以两个质子之间的作用为例来比较引力与电磁力。
两个质子之间的电磁力（这里是库仑力）为

$$F_e = \frac{e^2}{r^2} \qquad (8.1)$$

库仑力与距离平方成反比，而其间的万有引力为

$$F_g = G\frac{m_p^2}{r^2} \qquad (8.2)$$

引力也是与距离平方成反比的。二者之比为

$$\frac{F_g}{F_e} = \frac{Gm_p^2}{e^2} \approx 8 \times 10^{-37} \qquad (8.3)$$

与距离已没有关系。就是说，引力在任何距离上都比电磁力弱很多。
如果比较质子与电子之间或者电子与电子之间的引力与电磁力，因
为电子质量比质子小得多而电荷并不小，这个比值还要减小。可见，
引力与电磁力相差悬殊。实际上，在粒子物理中，引力几乎完全可
以忽略不计。只有在天体和宇宙物理中，由于涉及的质量很大，而
正、负电荷又几乎相消，引力才起了主宰的作用。

至于强作用，情况要复杂得多。按照第二章中介绍过的汤川理
论，核子与核子之间的强作用是由 π 介子传递产生的。将这种强作
用与电磁作用相比较，可以看出以下一些最明显的不同点：

（1）从质子、中子构成十分牢固的原子核这个事实来看，两种
作用的强度相差很大，强作用要比电磁作用强得多，因为电磁作用

是使原子核内质子相斥，强作用才使之相吸。

（2）两种作用与距离的关系十分不同，电磁作用是长程力而强作用却是短程力。在原子核这样的尺度范围内强作用比电磁作用强得多，但在大距离上，强作用几乎完全不再起作用，它就比电磁作用显得弱得多了。

（3）传递电磁作用的是光子，是自旋为 1 的零质量矢量粒子，而传递强作用的 π 介子，却是自旋为 0 的非零质量赝标粒子。二者的性质是完全不同的。

弱作用与电磁作用也十分不同。除了作用强度相差悬殊外，力程也十分不同。自从 1934 年费米提出 β 衰变理论以来，在长时期内弱作用一直被看成是四个费米子直接耦合的一种作用（见图 2.17（a））。不通过中间粒子的传递而直接耦合于一点，意味着这是一种力程十分短的作用。还有，电磁作用是宇称守恒的，而弱作用却是宇称不守恒的。这些都是弱作用和电磁作用显著不同的地方。

由此看来，四种作用十分不同，几乎毫无共同之处。要将这些作用统一起来，那是一件多么艰巨的工作!

杨-米尔斯场

物理学的基本理论和数学的关系十分密切，自然界的基本规律是用准确的数学语言写成的。为了统一基本粒子的弱、电磁和强三种相互作用，必须要找到它们的公共特性，而这种特性只能用数学语言才能说清楚。

守恒定律是物理学的基础，第四章中我们已经讲了对称性和守恒定律的关系。和能量、动量、角动量、宇称守恒相关的对称性都是空时对称性。但物理世界中还有一类与粒子内禀性质有关的对称性，称为规范对称性。电子的物理状态是用波函数或场来描述的，波函数是复数，让它乘一个相因子 $\exp(i\theta)$ 的变换称为规范变换。

波函数乘相因子 exp（$i\theta$）后，电子在空间的几率分布没有改变，因此理论就要求在规范变换下波函数所遵守的基本方程的形式没有改变。这就称为物理规律的规范对称性。

当相因子为常数，这种变换称为整体规范变换，诺特定理证明了由整体规范不变性可以导出系统的电荷守恒。规范不变性和电荷守恒的这种联系十分重要，给出了对电荷本质和电荷守恒定律更深刻的理解。沿着这个思路进一步走下去，相因子若是空时坐标的函数，这种变换称为局域规范变换，物理规律在局域规范变换下是否也保持不变呢？一个自由的荷电粒子所遵守的运动方程并不具有局域规范不变性；但是当这个荷电粒子和电磁场相耦合，可以保持局域规范变换下的不变性。这称为物理规律的局域规范对称性。局域规范对称性要求荷电粒子和电磁场相耦合。这个观点十分重要，它给出了从逻辑上导出电磁相互作用的原理。因此，电荷不仅是守恒量，而且是电磁作用的耦合常数。由于电磁场和电磁作用在理论上可以从局域规范对称性的角度引入，因此也把电磁场称为规范场，把电磁相互作用称为规范作用。

1954 年杨振宁和米尔斯（R.L. Mills）把这种引进电磁相互作用的方法推广：在费米-杨模型中，作为基本粒子的质子和中子是同位旋二重态（第二章），对它们进行规范变换时，要同时在同位旋空间进行转动。同位旋空间有 3 种独立的转动，例如这三种转动可以设为绕同位旋空间 x 轴、y 轴和 z 轴转动或它们的某种组合，对于每一种转动，质子和中子的场函数都要相应乘一个相因子。这种整体规范变换下的不变性（对称性）导致同位旋守恒，而局域规范对称性就要求引进 3 种规范场（又称为杨-米尔斯场）W^+、W^-、W^0 和质子、中子耦合。图 8.1 的直观表示有助于理解如何对比着电磁场引进杨-米尔斯场。

图 8.1 的下图描述了电子与电磁场的作用，上图则描写质子中子和杨-米尔斯场的作用，二者十分相似。质子中子和杨-米尔斯场的作

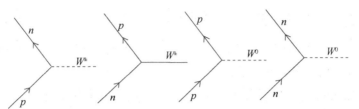

(a) 质子中子和杨-米尔斯场作用

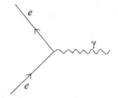

(b) 电子和电磁场（光子）作用

图 8.1　质子中子和杨-米尔斯场的作用

用包括：第一，质子吸收一个 W⁻粒子或发射一个 W⁺粒子转变为中子；第二，中子吸收一个 W⁺粒子或发射一个 W⁻粒子转变为质子；以及第三，质子（中子）吸收或发射一个 W⁰粒子的过程。这里，质子转变为中子、中子转变为质子和质子（中子）保持不变，分别对应于同位旋空间的三种转动。

同位旋对称性在数学中称为 SU（2）对称性，所以场 W⁺、W⁻、W⁰它又称为 SU（2）规范场。SU（2）对称性在数学中是更广的 SU（3）对称性的一部分。如果把上述引进相互作用的方法推广到具有 SU（3）对称性的粒子，例如具有 3 种色的夸克，就可以引进 8 种规范场和它们耦合，代表了 3 色的夸克和 8 种反映色的吸收发射和转变的杨-米尔斯场的作用。这 8 种 SU（3）规范场所对应的粒子就是负责传递强作用的胶子。因此，杨-米尔斯的理论提供了一种写出具有任意内部对称性（SU（2），SU（3）或其他）粒子的相互作用的方法，它具有很强的普遍适用性。

但是，规范对称性要求杨-米尔斯粒子（规范粒子）的质量严格为零。传递电磁作用的规范粒子（光子）和后来知道的传递强的作用的规范粒子（胶子）质量确实为零，与观测事实相符。然而，由于弱作用的短程性质，传递弱作用的中间玻色子质量应当很大，不可能为零。正是由于这个原因，杨-米尔斯规范场在 1954 年提出后的十几年时间内没有得到应用。

我们知道，爱因斯坦的后半辈子一直热衷于研究将引力场和电磁场统一起来，却始终没有获得成功。但是，他的这种追求统一的研究热情鼓舞着一代又一代的探索者。杨-米尔斯规范场的研究，开辟了在规范场框架下走向统一的新途径，而且实际上导致了电弱统一和粒子物理标准模型的建立，意义十分重大。由于这项发现，1993/1994 年杨振宁相继获得富兰克林奖和美国最大的科学奖——鲍尔奖。富兰克林奖章是美利坚哲学学会最高荣誉奖，获奖评价"杨振宁是自爱因斯坦和狄拉克之后 20 世纪物理学出类拔萃的设计师"。鲍尔奖则评价他的规范场理论"已经排在牛顿、麦克斯韦和爱因斯坦之列"。1991 年美国全球著名杂志"the Physics Teacher"组织物理界选出 18 位人类有物理学史以来最伟大、贡献最深、最广的物理学家，他们按英文"姓"的字母排序为

John Bardeen，巴丁	NielsBohr，玻尔
Nicholas Copernicus，哥白尼	Marie Curie，居里夫人
Paul Dirac，狄拉克	Albert Einstein，爱因斯坦
Michael Faraday，法拉第	Enrico Fermi，费米
Rachard P.Feynman，费恩曼	Galileo Galilei，伽利略
Werner Heisenberg，海森堡	Edwin P. Hubble，哈勃
James Clerk Maxwell，麦克斯韦	Isaac Newton，牛顿
Hans Christian Oersted，奥斯特	Ernest Rutherford，卢瑟福
Erwin Schrodinger，薛定谔	Chen NingYang，杨振宁

我们注意到，杨振宁是其中唯一的亚洲人。

对称性的自发破缺和质量起源

一般说来，自然界任何的对称总伴随着对称破缺，对称破缺使

事物存在差异性。对称破缺有两种方式引入，一是假定存在破坏对称的力，在基本规律中引入破坏对称的项；二是保留基本规律的对称性，而假定系统的最低能量态（基态，也就是粒子物理中的真空态）破坏了对称性。后者称为对称性的自发破缺。在物理学中经常出现这种情况：基本规律是对称的，具有某些变换下的不变性；但系统的基态却是简并的，可以利用对称操作，使系统从一个基态转变到另一个基态。然而，在这无穷多个可能的基态中，只有一个是现实的物理基态。当自然界选定了这个基态并在它的基础上构建起全部激发态后，对于这个系统，原设的对称性就不再存在。也就是说，这个物理系统的对称性已被自发打破，这称为对称性的自发破缺。对称性的自发破缺还有一个性质，在足够高的温度时，它可能会丢失，出现对称性的恢复。例如，宇宙演化极早期温度很高，是对称的；当它膨胀降温到某个转变点，就落入一定的对称性自发破缺状态。

考虑系统的势能形如墨西哥帽（图 8.2），在帽子谷底的圆形水平槽内有无穷多个不同、简并的基态。对于绕着帽子中心轴的旋转，会使系统从一个基态变换至另一个。故如果选定了一个基态，就出现自发对称性破缺现象。大多数物质的简单相变都存在对称性的自发破缺。例如，顺磁性在居里温度以下转变为铁磁性，铁磁性中磁矩按一定方向排列就是转动对称性的自发破缺。

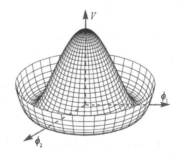

图 8.2　希格斯势能 $V(\phi)$ 在 ϕ 的复平面上的示意图
物理真空处于最低能量态，导致对称性自发破缺

　　1960 年南部阳一郎（YoichiroNambu）从超导理论和粒子物理的比拟中领悟到对称性自发破缺的概念，并预言了一种零质量玻色子的存在。1961 年戈德斯通（Goldstone）从另一角度提出一个定理：在相对论场论中，如果连续对称性的破缺是自发的，来自真空特征的，那么就必须存在一种（零自旋）零质量的粒子。后来人们把这种粒子称为南部-戈德斯通玻色子。用上面墨西哥帽的例子来说，这种粒子就代表了沿着帽子谷底圆形槽运动模式，因为每一种运动模式的量子化就对应于一种粒子。这种模式的运动中势能没有变化，对应的粒子是零质量的。由于对称性自发破缺的观念和理论对粒子物理的发展有重要影响，南部获得了 2008 年的物理学诺贝尔奖。

　　前面说过，杨-米尔斯理论中传递相互作用的规范粒子，和光子一样都是矢量粒子（自旋-宇称 1^- 的粒子称为矢量粒子），并且都是零质量的，然而传递弱作用的中介玻色子必须具有很高的质量，为了用规范场理论来解释弱作用，就必须首先解决规范粒子的质量来源问题。从另一角度看，弱作用很像电磁作用，然而传递电磁作用的光子是零质量，传递弱作用的规范粒子却具有重质量，这说明弱作用的规范对称性已遭严重破缺。而如果对称性是自发破缺的，那么就应该存在零自旋零质量的南部-戈德斯通玻色子，为什么这种粒子没有发现呢？

　　规范粒子的质量来源和南部-戈德斯通玻色子的去向，这两个疑难问题同时浮出粒子物理学的水面。1964 年 6 月至 8 月间，一是布劳特（R. Brout）和昂格莱尔（F. Englert），二是希格斯（P. W. Higgs），差不多同时向物理评论快报和物理快报投送了稿子，（其实稍后的该年 10 月还有古兰尼克 Guralnik，哈根 Hagen 和基布尔 Kibble 一组人也投送了类似的稿子），提出了使规范粒子获得质量的机制，并同时证明了南部-戈德斯通玻色子可以不出现。假定自旋-宇称 1^- 的矢量规范粒子和自旋-宇称 0^+ 的复标量场 ϕ（后来人们称它为希格斯 Higgs 场）

相互作用，复标量场 ϕ 的势函数为 $V(\phi) = -\mu^2|\phi|^2 + \lambda^2|\phi|^4$（图 8.3）。

势函数 $V(\phi)$ 在 $|\phi| = \sqrt{\dfrac{\mu^2}{2\lambda^2}}$ 处有极小值，这说明在基态-真空态中标量场的期望值不等于零。由于 ϕ 是复的，这种真空态有无穷多个，它们的区别只在于复数的相位。如果在这无穷多的简并真空中取定一个作为物理真空，在这真空中建立起来的物理理论将是对称自发破缺的。也就是说，若令希格斯场的真空期望值 $\langle\phi\rangle_0 = \nu \neq 0$（某个一定相位的复数），重新定义希格斯场 $\varphi(x) = \phi(x) - \nu$，场 φ 和寻常的场一样，真空期望值为零，但理论已不具有规范对称性了。这时，和标量场 φ 相互作用的矢量规范粒子将获得质量，因为在这种标量场-矢量场相互作用中可以分离出代表规范粒子质量的项。

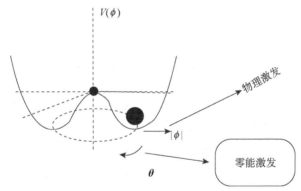

图 8.3 势能 $V(\phi) = -\mu^2|\phi|^2 + \lambda^2|\phi|^4$ 在 ϕ 的复平面上的变化行为
沿着幅角 θ 方向的激发是零能激发，对应南部-戈德斯通粒子，
沿着径向 $|\phi|$ 方向激发是物理激发，对应希格斯粒子

重质量的和零质量的自旋 1 粒子有一个重要区别，前者的自旋有 3 个独立取向，而后者的自旋只有 2 个独立取向。原因是对于重质量粒子，总有一个和它共动的参考系，在此参考系中粒子的自旋有 3 个独立取向；而零质量粒子必须以光速运动，因此找不到一个令它静止的参考系，它的自旋只有 2 个独立取向。譬如光，只有两种极化方向，没有纵向极化分量。所以当规范粒子获得质量，它的自旋分量从 2 个增加到 3 个。这新增的分量从哪里取得？另一方面，

戈德斯通定理告诉我们，对称性的自发破缺要产生零质量的南部-戈德斯通粒子，而实验上并未发现这个粒子，如何解释？上面两个问题可以联合起来一箭双雕地回答。原来新增的南部-戈德斯通粒子跑到了规范粒子那里，实现了规范粒子从零质量到重质量的转变。规范粒子获得质量的这种机制称为希格斯机制（又名 BEH 机制）。

规范粒子质量起源是一个更大的问题——基本粒子质量起源问题——的一部分。夸克和轻子的质量如何来源？可以仿照规范粒子，通过引进和希格斯场的耦合来获得质量，但这个做法还存在一定的任意性。所以基本粒子质量起源是一个尚不完全清楚、正在探索中的重大课题。质量是物理学的基本概念，从牛顿力学到爱因斯坦广义相对论，整个物理学都在讨论它。基本粒子质量起源的探索将极大地丰富人们对质量概念的理解。

究竟有没有传递弱作用的粒子？

前面已经谈到，弱作用一直被看成是四个费米子直接耦合的点作用。点作用意味着力程无限短。当然，实验上不可能直接证明力程无限短，只能证明力程相当短。我们在第二章中曾利用测不准关系（2.5）讨论了传递力的中间粒子的质量与力程的关系。中间粒子的质量愈大，力程就愈短。因此，只要中间粒子的质量足够大，就可以得到描写弱作用所需的极短力程。现在，常把传递弱作用的中间粒子称为中间玻色子。

那么，中间玻色子应有些什么性质呢？我们以中子的 β 衰变为例来进行讨论。从夸克层次来看，中子的 β 衰变实质上是中子内的 d 夸克进行 β 衰变（见图 6.15）。中间玻色子应是在夸克线与轻子线之间传递作用，因此，图像应取图 8.4 的形式。在图 8.4（a）情况下，d 转变为 u 应放出一个带负电的中间玻色子 W^-，然后 W^- 衰变为 $e^-\bar{\nu}_e$；在图 8.4（b）情况下，真空中产生一个带正电的中间玻色子

W⁺及一个电子 e⁻和一个反中微子 $\bar{\nu}_e$，d 将这个 W⁺吸收而转变为 u。
显然，这个过程中涉及的中间玻色子是带电的。读者也许会提出疑问：真空中产生 W⁺e⁻$\bar{\nu}_e$不是违反能量守恒定律吗？ 是的。这里，W⁺是只在中间过程中出现的虚粒子，虚过程是可以不满足能量守恒定律的。实际上，类似情况我们在第二章中讨论核力的 π 介子理论时已经遇到过了。

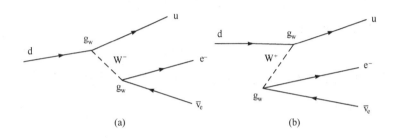

图 8.4

为了确定中间玻色子的自旋，就要研究强子（n，p）或夸克（d，u）和轻子（e⁻，ν_e）是以什么方式相耦合的。这个问题在李政道、杨振宁和吴健雄发现弱作用中宇称不守恒以后才弄清楚，从而得知，中间玻色子的自旋为 1，也是矢量粒子。

弱矢量流守恒

弱作用还有一些复杂性。为了讨论力的统一，让我们对弱作用再作一些讨论。

我们知道，电磁作用是电流与光子（电磁场）相耦合。电流是矢量，在空间反演变换（见（4.1）式）下要变号（改变方向），光子用电磁矢量势表示，在空间反演变换下也要变号，因此，电磁作用在空间反演变换下不变。如所周知，电荷是守恒的，或者说，电矢量流守恒。同样，弱作用是弱流与中间玻色子相耦合。中间玻色子也是矢量，但弱流是矢量流和轴矢量流的混合。轴矢量流在空间反演变换下不变号。因此，弱作用在空间反演变换下不是不变的，从而导致宇称不守恒。但是人们要问，弱作用的矢量流部分是否守恒？历史上，早在 1956 年，苏联的葛尔希坦（Gershtein）和泽尔多维奇（Zeldovitch）就提出了矢量流守恒的猜想，但那时流行的弱流甚至并不包含矢量流，因而他们的想法并未受到重视。直到宇称不守恒被发现以后，人们才确认弱流包括矢量流和轴矢量流两部分。1958 年，费曼和盖尔曼才又独立地重新提出矢量流守恒。

有趣的是，如果计算一下中子的 β 衰变

$$n \rightarrow p + e^- + \overline{\nu}_e \tag{8.4}$$

中强子弱矢量流部分的作用强度（耦合常数），就会发现，它与 μ 子的 β 衰变

$$\mu^- \rightarrow e^- + \overline{\nu}_e + \nu_\mu \tag{8.5}$$

的相应流的作用强度十分接近（前者只比后者略小一个约为 0.975 的因子）。后一过程是纯轻子过程，十分简单，但前一过程有强子存在，应当有复杂的虚过程。一般地说，强作用虚过程会有显著的重要影响（重整化效应）。为什么这两者强度会非常相近呢？为了说明这个问题，不妨考虑一下电磁作用情形。比较质子和正电子与光子耦合的异同。质子是有强作用的，而正电子没有。电磁作用主要是通过电荷起作用，而质子和正电子的电荷相同，电荷守恒（即电矢量流守恒）保证了质子参与的虚过程（如 $p \rightarrow n + \pi^+$ 等）必须保持电荷不变，因此，从初级近似来看，它们的电磁作用是一样的，即强作用在这里不产生明显的重整化影响。人们也可以用类似的方式引入弱矢量流守恒来保证过程（8.4）与（8.5）的矢量流部分的作用强度相等。

值得注意的是，即使对于电磁作用，在更精确的意义上说，强作用的重整化效应还是明显的。事实上，质子的虚过程会使质子变胖（参见第二章"理论预言了 π 介子"一节），使它明显偏离点状粒子而产生结构，还会产生反常磁矩。这种结构效应在电磁作用过程

中已经明显观测到。如果弱矢量流守恒的假设正确，也会有类似的结构效应或高阶效应，比如也会有类似反常磁矩的弱"磁"效应出现。这种效应应当也可以用实验来检验。1963（以及 1977）年，吴健雄和她的合作者莫玮、李荣根，通过对 ^{12}B 和 ^{12}N 的 β 谱的测量、分析和比较，首次确认了弱磁项的存在，进而证明了弱矢量流确实守恒。再来看看电磁过程中的强作用影响，质子通过虚过程 $p \rightarrow n + \pi^+$ 变成中子，中子不带电，但电矢量流守恒保证了电荷守恒，因而虚过程中产生了一个带正电荷的粒子 π^+，电磁作用将通过它来延续。同样，弱过程（8.4）的中子也是强子，也会有强作用虚过程，如 $n \rightarrow p + \pi^-$，如果弱矢量流守恒成立，可以预言弱作用应可以通过 π^- 继续进行，即应存在如下过程：

$$\pi^- \rightarrow \pi^0 + e^- + \overline{\nu}_e \qquad (8.6)$$

这个过程后来果真在实验上被观测到，测得的衰变率与根据弱矢量流守恒计算出来的理论值一致 [巴卡斯托夫等（R.B.Bacastow et al），1965]。这个实验也很不容易做，因为过程（8.6）的发生率十分低，1 亿个 π^- 中只有约 1 个按这种方式衰变（这种方式与表 2.1 中相应的 π^+ 过程的衰变率相等）。弱矢量流守恒的确立为弱作用和电磁作用的统一建立了第一块里程碑。

确证了矢量流守恒，半轻子过程与纯轻子过程的矢量部分弱作用强度就应当完全一样，而事实上前者略比后者弱，尽管只是 0.975 与 1 之比，却仍成为了问题。这个问题其实有深刻的含义（在下一节中加以说明）。

奇异数守恒与奇异数不守恒弱作用的统一描述

从表 3.1 可以看出，超子弱衰变的主要方式是非轻子衰变，这种衰变过程中的所有粒子均是强子，强子虚过程使情况非常复杂。有趣的是，重大的突破并不是从这种主要衰变方式，而是首先从衰变率很低的半轻子弱衰变方式中获得，因为这种过程中一半是轻子，情况要简单得多。比较表 3.3 和表 2.1，经过一些计算可以看出，在半轻子弱过程中，奇异数守恒的衰变方式比奇异数不守恒的要强得多。卡比玻（B.Cabibbo）研究了这个问题，提出了一种非常有趣的理论。从夸克的层次来看，我们可以说，参与弱作用的 d 和 s 夸克是以一种线性叠加（混合）态

$$d\cos\theta_c + s\sin\theta_c \qquad (8.7)$$

的形式出现的，这里 θ_c 称作卡比玻角，约为 12.8°，因此，$\sin\theta_c = 0.222$，$\cos\theta_c = 0.975$。这就是说，u 变成 d 的弱作用会自然出现一个因子 0.975，而 u 变成 s 的弱作用会自然出现一个因子 0.222。注意：u 变成 d 对应于奇异数守恒，u 变成 s 对应于奇异数不守恒。所以，卡比玻理论自然解释了奇异数不守恒的半轻子弱过程会比奇异数守恒的弱得多。不仅如此，因为半轻子弱衰变中 u 变成 d 的过程有一个额外因子 0.975，而纯轻子过程没有这个额外因子（相当于因子为 1），卡比玻理论正好又解释了在矢量流守恒问题中出现的半轻子过程比纯轻子过程略小一个因子 0.975 的问题。可见，卡比玻理论是非常美妙的一个理论。

因为强作用是奇异数守恒的，具有不同奇异数的 d 和 s 应完全独立地参与强作用。但是，按照卡比玻理论，d 和 s 却是以（8.7）形式的混合态参与弱作用的。所以，夸克是以不同的面貌参与强作用和弱作用的。这是非常有趣的一个性质。

当然，如果考虑到三代六味夸克，情况将更为复杂些，卡比玻的 2 夸克叠加将扩展为卡比玻-小林城-益川敏英的 3 夸克叠加。在 3 夸克叠加态中将出现新的角度和相位角，这为解释弱作用中 CP 不守恒提供了可能。CP 不守恒是一种对称性的自发破缺，它和自然界中至少存在三代夸克相联系。由于这个有趣联系的发现，小林诚和益川敏英获得了 2008 年诺贝尔物理奖。

中微子质量与中微子振荡

第三章讨论中性 K 介子时，我们已经遇到过粒子状态的混合。上节我们又讨论了不同代夸克 d 和 s（以及 b）之间的混合。类似地，三代不同中微子之间也可能会有混合。为简单起见，只讨论两种中微子的混合。考虑 ν_e 和 ν_μ 两种中微子。设 ν_1 和 ν_2 具有确定的质量，它们分别为 m_1 和 m_2。ν_e 和 ν_μ 是 ν_1 和 ν_2 的两种不同的混合态：

$$\nu_e = \nu_1\cos\alpha + \nu_2\sin\alpha \tag{8.8}$$

$$\nu_\mu = -\nu_1\sin\alpha + \nu_2\cos\alpha \tag{8.9}$$

式中 α 是中微子的混合角，有点类似于上节的卡比玻角。虽然 ν_1 和 ν_2 具有确定的质量，但实验测出的却总是 ν_e 或 ν_μ。由于 ν_1 和 ν_2 具有不同的质量，因而有不同的能量，按照波–粒二象性，就有不同的频率和波长。就是说，它们随着时间有快慢不等的变化。如果原来是纯的 ν_μ，随着时间的推移，（8.9）式右边两项的比重会变化，因此，在不同的距离上可以测量到不同数量的 ν_e，而且 ν_e 成分的大小是距离的周期性函数：

$$\sin^2 2\alpha\sin^2\left(1.27\frac{\delta m^2 L}{E}\right) \tag{8.10}$$

表现出中微子振荡现象。这里，E 为以 MeV 为单位的中微子能量，L 为中微子源到探测器之间的以米为单位的距离，而

$$\delta m^2 = m_1^2 - m_2^2 \text{（以 eV}^2 \text{ 为单位）}$$

显然，只有当至少一种中微子的质量不为零时，才会出现中微子振荡现象。中微子的质量是否为零，是一个十分重要的基本问题，在第四章讨论左旋中微子时已经可以明显地看出来。

有趣的是，在天文上，长期以来存在着一个重大的难题，就是说，观测到的太阳中微子总是比标准太阳模型的理论预言小得多，往往不足一半。要知道，太阳放出的中微子总是 ν_e。如果存在中微子振荡，ν_e 的相当数量有可能会转化为 ν_μ 和/或 ν_τ，因而用探测 ν_e 的仪器就无法探测到这一部分中微子。这样，中微子振荡就为太阳中

微子短缺提供了一种可能的解释，并且由此可推断出至少有一种中微子的质量不为零。最近，2002 年 7 月，在加拿大的南方城市塞德勃勒（Sudbury）的巨型地下重水探测器（中微子天文台）由 17 个单位、179 名科学家组成的一个庞大的国际合作组（Q.R.Ahmad 等人）在美国物理评论通讯（Phys.Rev.Lett.）上发表了一篇文章，宣布在太阳中微子中观测到了 ν_μ 和/或 ν_τ，说明 ν_e 在从太阳到地球的路程上果真有相当一部分转化成了 ν_μ 和/或 ν_τ，而且定量上也符合要求。从而，著名的太阳中微子短缺案至此告破。这一重大进展促进了 2002 年度的诺贝尔物理奖授予了第一个探测到太阳中微子并发现太阳中微子短缺的美国科学家戴维斯（R.Davis Jr）和第一个探测到太阳系外（超新星 SN1987A）的中微子的日本科学家小柴昌俊。

弱作用和电磁作用的统一

传递弱作用的中间玻色子 $W^\pm$ 是矢量粒子，这个性质十分有利于建立弱作用与电磁作用的统一理论。然而，还有几个重要问题需要说明。

如果弱作用与电磁作用是统一的一种作用，那又如何解释它们的强度相差十分悬殊呢？为了说明这个问题，不妨来作一个粗略的估计。如果这两种作用果真统一，那么图 8.1 所示的弱作用过程中夸克或轻子与 $W^\pm$ 的耦合强度应当与电磁作用强度（图 6.14）差不多，即应有

$$g_W \sim e \qquad\qquad (8.11)$$

而且按图 8.1 算得的等效作用强度在能量较低的情况下应当与按图 6.15 算得的一样

$$e \frac{1}{m^2{}_W} e \sim G \qquad\qquad (8.12)$$

式左就是按图 8.1 所作的估算，其中 $1/m^2{}_W$ 是中间态 $W^\pm$ 引起的结果。根据实验测定的 e 和 G 值，就可以定出 $W^\pm$ 的质量 $m_W \sim 30\text{GeV}$。不过，这只是一个粗估值。比较完整的理论是格拉肖（1961）、温伯格（S.Weinberg）（1967）和沙拉姆（A.Salam）（1968）建立的。

他们把中间玻色子看做是一种杨-米尔斯场，一种规范粒子。

然而，作为杨-米尔斯场，中间玻色子应当是三重态。就是说，除了$W^{\pm}$以外，还应当有一个电中性的。虽然在弱-电统一理论中，γ（光子）与$W^{\pm}$处在同样地位，但γ传递的作用宇称守恒，$W^{\pm}$传递的作用宇称不守恒，γ不可能直接作为这个中性粒子。实际情况更为复杂。不妨把与$W^{\pm}$对应的中性规范粒子记为W^0，(W^+, W^0, W^-)构成三重态。此外还有一个单重态，不妨记为B^0。实际的中性中间玻色子Z^0和实际的光子γ是W^0和B^0的某种混合结果：

$$\gamma = B^0\cos\theta_W + W^0\sin\theta_W \tag{8.13}$$

$$Z^0 = W^0\cos\theta_W - B^0\sin\theta_W \tag{8.14}$$

式中θ_W称为温伯格角。用这个角可以使（8.11）和（8.12）式精确化，从而给出

$$m_W = (38.7/\sin\theta_W)\ \text{GeV} \tag{8.15}$$

而且还可以建立$W^{\pm}$和Z^0质量之间的关系：

$$m_Z\cos\theta_W = m_W \tag{8.16}$$

Z^0所传递的弱作用是前所未知的，是弱-电统一理论所预言的重要结果，称为中性流弱作用。比如，Z^0可以导致图8.5所示的弱过程

$$\nu_\mu + p \to \nu_\mu + X \tag{8.17}$$

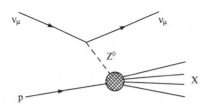

图 8.5

这里，初态和终态轻子均是中微子，电荷没有变化，所以称为中性流弱作用。而$W^{\pm}$引起的应为图8.6所示的弱过程

$$\nu_\mu + p \to \mu^- + X \tag{8.18}$$

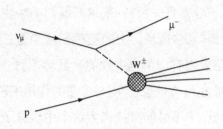

图 8.6

这里，初态轻子是中微子，终态轻子是 μ^-，轻子电荷改变了，所以称为带电流弱作用（Z^0、$W^\pm$ 与强子的作用实际上是通过与夸克耦合进行的，图中黑球代表复杂的强过程）。这两类过程很容易鉴别。实验上可以用高能中微子 ν_μ 束射入气泡室，如果发现没有 μ^- 而只有强子的过程，便是中性流事例（注意，过程中出射的 ν_μ 一般是观察不到的）。1973 年以来，已经观测到许多中性流弱过程，而且定量上与格拉肖、温伯格和萨拉姆的弱电统一理论符合得非常好。他们三人因此获得 1979 年度诺贝尔物理奖。

根据中性流弱作用的实验研究，可以测定温伯格角，实验结果是：

$$\sin^2\theta_W = 0.23 \qquad (8.19)$$

有了温伯格角的数值就可以据（8.15）和（8.16）式算出 $W^\pm$ 和 Z^0 的质量分别为 81GeV 和 92GeV。

目前，温伯格-萨拉姆-格拉肖理论已为人们描绘了弱作用和电磁作用相统一的一幅非常清晰的物理图像。用类似于第二章 π 介子传递核力的办法可以根据 $W^\pm$ 和 Z^0 的质量估计出弱作用的力程，给出标志弱电统一的能量尺度和距离尺度。只有能量高于 10^2GeV 也就是距离小于 10^{-16} 厘米时，弱作用的强度才变得与电磁作用差不多。当能量低于 10^2 GeV 也就是距离大于 10^{-16} 厘米时，弱作用的强度就显得比电磁作用弱得多。

特别值得注意的是，$W^\pm$ 和 Z^0 已分别在 1983 年 1 月和 6 月真的被发现了。欧洲核子研究中心（CERN）的 UA1 和 UA2 两个实验组分别在美国康乃尔大学召开的高能轻子光子作用国际会议（1983 年 8 月）上报告了他们的测量结果：

UA1 组：

$$m_W = 80.9 \pm 1.5 （UA1 单位）$$

$$m_Z = 95.6 \pm 1.5 （UA1 单位）$$

这里用了 UA1 单位（$=1 \pm 0.03$GeV）；

UA2 组：

$$m_W = 81.0 \pm 2.5 \pm 1.3 GeV$$

$$m_Z = 91.2 \pm 1.3 \pm 1.7 GeV$$

这两组测量数据显然与理论计算结果符合得相当好！随着数据的积累，测量精度有了很大提高。由于 $W^{\pm}$ 和 Z^0 的质量很大，衰变的方式就很多，因而宽度还是很大的。表 8.1 列出了它们的质量、宽度和主要衰变方式。$W^{\pm}$ 和 Z^0 的发现是物理学史上又一重大成就！为此，鲁比亚（C.Rubbia）和凡·德·米尔（S.van der Meer）获得了1984 年诺贝尔物理学奖金。

表 8.1　$W^{\pm}$ 和 Z^0 的基本性质

	质量 / GeV	宽度 / GeV	主要衰变方式
W^+	80.385（15）	2.085（42）	$e^+\nu$（10.56（14）%）；$\mu^+\nu$（10.66（20）%）；$\tau^+\nu$（10.49（29）%）；强子（68.5（6）%）；……
Z^0	91.1876(21)	2.4952（23）	e^+e^-（3.367（5）%）；$\mu^+\mu^-$（3.367（8）%）；$\tau^+\tau^-$（3.371（9）%）；强子（69.89（7）%）；看不见的粒子（20.02（6）%）；……

W 粒子和 Z 粒子的实验发现，说明了弱电统一理论的完全成功。但进一步考虑，这个理论和量子电动力学一样，在高阶微扰计算中还出现"发散困难"的问题，需要用"重整化"（即"再归一化"）的方法去解决。量子电动力学的重整化早已实现，并且正因此而获得了 1964 年的诺贝尔奖。弱电理论的重整化更困难些,在1971—1972 年间由特霍夫特（G.' tHooft）和费尔特曼（M.J.G.Veltman）首先完成，这个工作又单独获得了一次诺贝尔物理学奖（1999 年）。

希格斯场与上帝粒子

1967 年，温伯格在电弱统一理论中引进了规范玻色子和希格斯场的耦合，使它获得质量，同时也建议了希格斯场和费米子耦合，让这些费米子获得质量。希格斯场是粒子获得质量的关键因子。随着电弱理论获得愈来愈多的实验支持，人们就期待希格斯粒子的发现。电弱统一理论是否完全成功、是否能获得最后胜利也要看希格斯粒子能否真在实验中发现。由于这个粒子的特殊重要性，人们称它为"上帝粒子"。

电弱统一理论预言希格斯粒子质量的上限为 1TeV（1000GeV）。通过欧洲大型强子对撞机（LHC）上 6000 多名实验工作者的长达数年的奋力拼搏，这个让整个高能物理学界等待了半个世纪的粒子终于在 2012 年 7 月宣布被发现。ATLAS 和 CMS 两个实验组在双胶子融合的过程中都发现 125-126Gev 处出现代表新粒子的共振峰，超出随机涨落背景 5 个标准偏差。此后数月，LHC 继续运行，到 2012 年底，两个实验组已积累了大约 4 倍于 7 月发布会的数据量，证实了这个共振就是理论预期的希格斯粒子。

ATLAS 和 CMS 两个实验组发现的新粒子自旋为 0，质量为 125.7±0.4GeV，正是预期的希格斯粒子所要求（图 8.7、图 8.8）。进一步，分析这个新粒子在各个衰变道的实验截面，也和希格斯粒子的理论预期值一致（表 8.2）。

表 8.2　希格斯粒子各个衰变道的实验截面和标准模型理论预期值的比较

各个衰变道信号总强度（和标准模型预期比）	$H \to \gamma\gamma$	$H \to WW^*$	$H \to ZZ^*$	$H \to b\bar{b}$	$H \to \tau^+\tau^-$
1.17±0.17	1.58 $\binom{+0.27}{-0.23}$	0.87 $\binom{+0.24}{-0.22}$	1.11 $\binom{+0.34}{-0.28}$	1.1±0.5	0.4±0.6

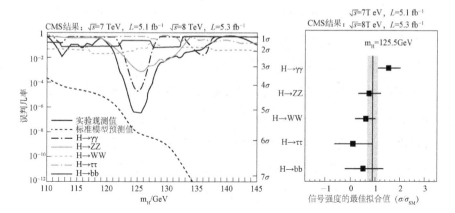

图 8.7 2012 年 7 月 4 日 CMS 实验发现希格斯粒子的信号显著性

（左图，横坐标为能量）和相对于标准模型预言信号强度的比值（右图，横坐标为截面比值 σ/σ_{SM}）

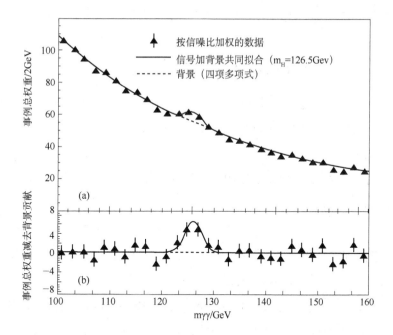

图 8.8 ATLAS 实验 H→γγ 衰变事例数的统计

（a）为每 2GeV 能量间隔的事例数；（b）为减除背景贡献后的事例数。横坐标为能量

　　电弱统一理论和强作用的量子色动力学是现代基本粒子相互作用的标准模型。在这个模型中有 4 类基础粒子，一是轻子，二是夸克，三是传递相互作用的规范粒子，四是希格斯粒子。直到 2000 年，

前三类粒子已经全部发现。希格斯粒子是标准模型中独特的一类，又是最后一个发现的粒子。希格斯场说明粒子质量来源于真空中某种场的凝聚。希格斯机制阐明了规范粒子质量的起源，并开拓了各类基本粒子质量起源的研究。这个机制也说明了对称性破缺是自然界对称规律固有的一部分。因此，希格斯粒子和希格斯机制的发现意义非凡。人们评论说："LHC 的这一成就堪与人类发现 DNA 和登陆月球媲美。"早在 2004 年，希格斯机制的提出者昂格莱尔，布劳特和希格斯就获得了沃尔夫物理学奖。2013 年 7 月希格斯粒子发现后，有关的多位实验物理学家尼格拉 M.D. Negra，基恩尼 P.Jenni，和威尔第 T.S.Virdee 等获得欧洲高能与粒子物理奖，理论家昂格莱尔和希格斯又获得了 2013 年诺贝尔物理学奖（布劳特已于前一年去世）。

强作用的渐近自由和夸克禁闭

量子色动力学要比量子电动力学复杂得多。色荷有红、绿、蓝三种，而电荷只有一种。传递强作用的胶子有八种，而传递电磁作用的光子只有一种。胶子自身带色，因而胶子之间有自作用，而光子自身不带电，因而光子之间没有自作用。特别是，量子色动力学处理的是强作用，而量子电动力学处理的是比较弱的电磁作用。正因为电磁作用比较弱，在一般情况下可以近似地把粒子当作自由粒子，把电磁作用看做微扰来处理，而对强作用就不能简单地这样做，解量子色动力学的问题要困难得多。

1973 年，格罗斯（D.J.Gross）、玻利泽（H.D.Politzer）和维里茨克（Frank Wilczek）三位理论物理学家研究了量子色动力学在高能量情形下的性质时，发现了"渐近自由"规律。所谓"渐近自由"，指的是参与作用的粒子的能量越高（即粒子间的距离越短），强作用表现得越弱，粒子运动越接近自由。这是一个十分重要的性质，它提供了可以避开强作用的复杂性，从而对量子色动力学进行清晰定量研究的可能性。正因为有了这个渐近自由，可以在高能过程中大大简化量子色动力学的计算，并便以把理论与实验数据进行比较检验。现在，已经有了相当丰富的实验数据来证明量子色动力学的正确性。这个成果使格罗斯、玻利泽和维里茨克 3 人获得了 2004 年度的诺贝尔物理奖。

真空并不空。真空中虚粒子在激荡着。拿电磁作用来看，一个正电荷（比如一个正电子）可以吸引真空中虚粒子对中的负电荷而排斥其正电荷。净效应是使原来的正电荷被一层负电荷所包围。真空在这里起了电荷屏蔽的作用。并且，当我们在近处看那原来的正电荷时，周围负电荷较少，受的屏蔽也小些。当我们在较远处看那原来的正电荷时，周围负电荷会多些，受的屏蔽就大些。就是说，在离开某个电荷的不同距离上感受到的净电荷是不同的，感受到的有效电荷随距离增大而减小。

强作用情形与电磁作用不同。对于电磁作用，光子与带电荷粒子作用时，光子和光子间没有自作用。而胶子与夸克作用时，由于胶子本身带色荷，胶子和胶子间有自作用。这使得夸克胶子系统强作用的图像大为不同。一方面，真空中不断出现又迅速消逝虚夸克-反夸克对，使得一个实在夸克的色荷被包围在一层异性色荷中，这种屏蔽作用造成夸克的有效色荷随距离增大而减小。另一方面，一个夸克还不断发射又迅速吸收虚胶子，而虚胶子是带色的，这也要改变夸克的有效色荷。这种作用是反屏蔽性的，造成夸克的有效色荷随距离的增大而增大。后一效应大于前一效应，所以强作用的复杂性使得总体上真空对色荷起反屏蔽作用。就是说，离色荷越远，所看到的有效色荷越大；离色荷越近，所看到的有效色荷反而越小。因此一方面，两个靠得很近的带色荷的粒子，它们之间的作用力反而越小。这正是渐近自由的机制所在。另一方面，两个距离越远的夸克之间的作用越强，束缚越紧密。这说明了为什么实验上还从未发现过单个存在的自由夸克。这种夸克与夸克之间距离越远作用越强、不能分离的规律，通常称为"夸克禁闭"。人们推测，在宇宙大爆炸初期，由于物质密度和温度都非常高，夸克禁闭被打开，从而夸克能自由地在较大尺度内运动。这是一种新的物质形态，称为夸克-胶子等离子体。最新大型强子对撞机实验中已发现它们存在的迹象。

尽管量子色动力学与量子电动力学有诸多不同之处，但两者的基本形式是共同的。光子是规范粒子，胶子也是规范粒子。我们知道，量子电动力学已经和弱作用理论统一成为电弱统一规范理论，成为统一描写弱作用和电磁作用的标准模型。现在，量子色动力学也已成为描写强作用的一个标准模型。

弱、电、强三者的大统一

渐近自由已经告诉我们，强作用强度（强作用耦合常数$\alpha_s(E)$）是随着能量 E（相互作用的两个粒子的质心能量）的升高而减弱的。这个结果已被实验很好地证明，见图 8.9（取自诺贝尔奖网站 Nobelprize.org: "Physics2004"），图中圈点为实验点，阴影范围为理论计算的不确定范围。这个结果为强作用与弱电作用的大统一提供了可能。

有趣的是，电磁作用和弱作用的强度（耦合常数）也是随能量而跑动的。强、电磁和弱三种作用强度在极高的能量下会跑动到相互接近。也就是说，在极高的能量下，三种作用有可能具有相同的强度而成为统一的一种作用。不过，按照标准模型所做的仔细的计算发现，三者并不完全交于一点，除非引入超对称性并假定超对称粒子质量均小于 $1\text{TeV}/c^2$。

所谓超对称性，指的是将费米子和玻色子纳入更大的对称框架内的一种更大的对称理论。根据这种理论，每一种基本的费米子，还应有对应的新玻色子；而每一种基本的玻色子，也应有对应的新

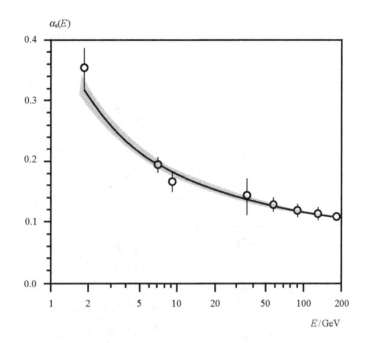

图 8.9　强作用耦合常数$\alpha_s(E)$随质心能量E增高而下降

图中圈点为实验点，圈上纵线为误差范围，阴影宽度为理论计算的不确定范围。
这个渐近自由的结论与实验事实符合得很好

费米子。但是，所有这些超对称粒子均还没有被观测到过。也许超对称性不成立，大统一也只是近似成立；也许超对称粒子比较重，有待将来更大的加速器来发现它们。由于超对称理论还没有被确认，这里也不再作更多的讨论。

值得注意的是，三种作用的交点是在 10^{15}GeV 附近。这是非常高的能量。实验室内根本不可能达到这种能量。要知道，想用现代最先进的技术获得 10^{15}GeV，加速器的轨道应比地球绕太阳运动的公转轨道还要大至少万倍!如果用加热的办法来获得 10^{15}GeV，温度应达到 10^{28} 度，比地球上原子弹、氢弹以及任何星球上所能达到的温度还要高千亿亿倍!好在我们的宇宙刚诞生的最初一瞬间曾经达到过 10^{28} 度这样的高温，现今世界上的质子和中子正是那时发生过的大统一物理过程留下的遗迹!研究这些遗迹，有望对探索大统一理论提供

与夸克有关的诺贝尔物理奖

有价值的信息。

既然弱、电、强三种作用统一，轻子和夸克就应地位相同。因此，在大统一理论中，必然会有夸克变轻子和轻子变夸克的过程。目前，已经有许多种大统一的方案。比如，在乔奇和格拉肖的SU（5）方案中，传递作用的规范粒子共有二十四个，其中除了一个光子、三个中间玻色子和八个色胶子以外，还有十二个超重规范粒子（记为 X）。存在超重规范粒子是大统一理论的一个重要特征。这种规范粒子会引起夸克与轻子之间的变化，导致重子数的不守恒。值得注意的是，这种作用会使质子发生衰变，比如

$$p \rightarrow \pi^0 e^+ \tag{8.20}$$

如图 8.10 所示。图中 X（4/3）和 X（1/3）分别表示电荷为（+4/3）和（+1/3）的超重规范粒子。从这些图的各顶点可以看得很清楚，重子数和轻子数都是不守恒的。比如顶点 uu→X（4/3）表示重子数 $B=$ 2/3 消失了，而顶点 X（4/3）→e+$\bar{d}$ 却又表示产生了重子数 $B=-1/3$ 和轻子数 $L=-1$。

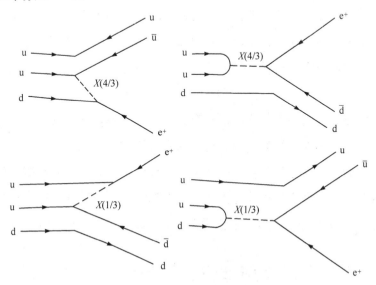

图 8.10　质子衰变的夸克图示

粒子世界的未知海洋还在前面!

由于超重规范粒子的质量很重，约为 10^{15}GeV，由它传递的作用应是十分微弱的。因此，质子的衰变几率十分微小，其寿命约为 10^{31} 年左右。

质子会衰变是大统一理论十分重要的结果。这几乎是唯一可在地球上进行的检验大统一理论的实验。当然，这种实验是非常难做的。一个质子平均经过 10^{31} 年才衰变（要知道，现在太阳的年龄还只有约 $4.5×10^9$ 年）!换句话说，即使"目不转睛"地盯着 10^{31} 个质子（约 17 吨）进行观察，一年内也才只能看到其中一个质子发生了衰变。因此，这种实验必须用很多物质（质子数足够多），埋在很深的地下（避免宇宙线等事例的干扰），并且还得耐心等待相当长的时间。尽管实验如此难做，但由于意义重大，目前全世界还是有许多实验小组积极进行这项实验。至今仍未观测到质子衰变的事例。看来质子的寿命可能会远大于 10^{31} 年。大统一理论尚有许多问题有待探索和研究。

粒子世界，知也无涯

从前我们一直说，粒子有光子、轻子、介子和重子四大类。随着对粒子结构研究的进展以及对作用力的深入认识，现在我们可以说，粒子世界主要分为物质场和规范场两大类。物质场是构成物质的主要成分，其中包含夸克和轻子两类费米子；规范场和希格斯场是作用力的传递者和粒子质量的生成者，也有两类，即规范玻色子和希格斯粒子。此外还有磁单极子、暗物质粒子等（见表 8.3）。磁单极子是基本粒子相互作用理论中预言的粒子，其质量十分大。暗物质粒子和天文学、宇宙学新近发现的大量暗物质有关。除了黑洞等大质量致密天体外，这些暗物质中很大部分尚未查明。人们普遍认为，可能包括某些粒子理论预言的新粒子。例如，弱相互作用大质量粒子、惰性中微子(中微子的对应粒子)、中性微子（和光子 Z 玻色子对应的超对称粒子）、轴子，以及额外维度中的粒子；它们都是暗物质粒子的候选者，但至今还没有在实验中发现。比较表 2.3 和表 8.3 可知，人类对于粒子物理的认识确实是大大深化了。可惜表 8.3 中的粒子还有一些尚未从实验中捕捉到。摆在我们面前的还是一片未知的海洋，粒子世界的探索还有多长的征程啊！

表 8.3

粒　子		自旋宇称
物质场	夸克 轻子	$\frac{1}{2}^{+}$
规范场和希格斯场	光子 $w^{\pm}, z^{0}$ 胶子 超重规范粒子	1^{-}
	希格斯粒子	0^{+}
其他	磁单极子 不明暗物质粒子	

第九章
天上的夸克

前面八章讨论的都是实验室里的粒子物理。现在，我们来讨论基本粒子物理过程在天上会扮演怎样的角色，特别是夸克会在天文学和天体物理学中起什么作用。让我们来看看在天体尺度上会有什么新的事情出现。

巨大的"原子核"与巨大的"原子"

通常的原子核是由质子和中子构成的，质子数记为 Z，中子数记为 N。如果我们以 Z 作为纵坐标，以 N 作为横坐标，把已知的原子核都画到图上去，可以发现，原子核都分布在成 45°角的对角线附近。不过，由于质子之间有库仑排斥力，它会使原子核不稳定，因此，随着 Z 的增大，稳定原子核将偏离 45°对角线而向着 Z 偏小的方向弯曲，如图 9.1。我们不妨把已知原子核分布的这个区域称作稳定半岛。如果把寿命可以测得出来的放射性原子核也包括进去，那么，这个半岛会变得胖一些。在半岛边缘地带上的原子核，其寿命已经很短。再往外，原子核的寿命就短到不能存在了。现在这个半岛已经深入到超铀元素很远的地方，已经达到 Z=110。由于 Z=114 是一个幻数（Z、N 等于幻数的原子核特别稳定），可以预期，在 Z=114 附近应该有一个岛，是可能存在原子核的一个新区。这个岛与半岛之间可能有一个相当窄的不存在原子核的"海峡"，而在岛

天上的夸克

与半岛之外的广大区域是原子核不能存在的"汪洋大海"。

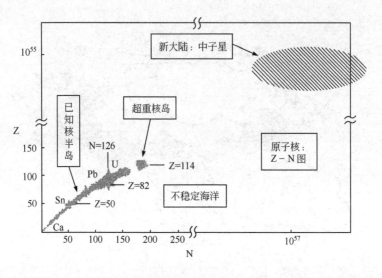

图 9.1　Z－N 图

非常有趣的是，如果远涉"重洋"，穿过大片"无核区"，你就会发现，在十分遥远的地方，在 $N \sim 10^{57}$ 和 $Z \sim 10^{55}$ 附近，存在着十分巨大、十分稳定的巨型"原子核"。这个原子核的质量比地球还大几十万倍，与太阳差不多重。它几乎完全由中子构成，其中的质子只占极小的比例（比如 $\sim 10^{-2}$），因此它有个专门名称，叫"中子星"。为什么它能稳定？它靠什么力束缚住？它是靠万有引力来束缚的。在粒子与粒子之间，万有引力十分微小。但是，万有引力是长程力，当包含的粒子数非常多时，它的作用可以取压倒优势。事实上，我们从通常原子核中取出一个中子要化约 8MeV 的能量，而从中子星上取出一个中子却要化约 100MeV 的能量，可见中子星比通常原子核（如铁）还要束缚得紧得多。

任何一个恒星整体应当是电中性的。因此，中子星内必须还存在与质子同样数量的电子。更确切地说，中子星应当是个巨大的原子，由一个原子核和一些电子组成的中性体。因此，中子星是一个巨大的汤姆逊原子，而不是卢瑟福原子，因为这些电子分布在"原子核"内而不是绕着它转。这个在原子物理领域被淘汰了的"汤姆逊原子"图像,在天体物理领域又复活了。

怎样发现中子星?

理论上提出中子星概念是在 1932 年,是查特威克(J.Chadwick)发现中子后才约半个月,就由苏联的朗道(L.D.Landau)提出来的。两年后,巴德(W.Baade)和茨威基(F.Zwicky)甚至已经正确地预言了中子星可以在超新星爆发过程中形成。然而,在相当长的时间内,人们不知道如何去观测发现它们。中子星是一种质量约为太阳质量,而半径约为 10 公里的恒星。恒星基本上是按黑体辐射的规律发光,如果星体表面温度相同,发光的强度就正比于星体的面积。由于中子星的面积比太阳(一颗普通恒星)约小 50 亿倍,用通常的光学望远镜来观测中子星几乎是不可能的。所以,真正观测发现中子星要到三十多年以后,而且完全不是用光学望远镜发现的。

1967 年,休维希(A.Hewish)、贝尔(S.J.Bell)等人在研究星际闪烁时接收到了一种非常准的周期性射电脉冲信号,周期为 1.337 秒。他们把发射这种周期脉冲信号的星体称为脉冲星。这种星很快被确认为快速自转的具有很强磁场的中子星,脉冲周期正是中子星自转周期的反映。图 9.2 表示了脉冲星辐射的图像,射电波从位于中心的中子星向两侧像灯塔那样定向发射出去。中子星在自转,当射电波束扫过地球,我们就可以观测到一个脉冲。图中的磁力线可以约束电子的运动方向,从而造成了定向发射的条件。任何别的恒星均比中子星大得多,不可能有这么快的自转,否则,星体赤道上的物质会被抛掉或者速度会超光速。现在,人们已经发现了 1 000 多个脉冲星,而且还发现了许多其他品种的中子星。它们已经成为现代天体物理的重要研究对象,大多还与高能现象相联系,因而还可以在 X 射线和 γ 射线领域观测、发现它们。

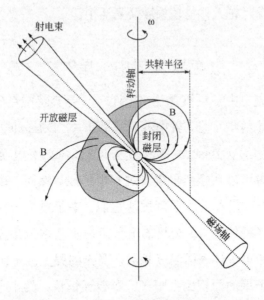

图 9.2 脉冲星

早在 1934 年，巴德和茨维基就指出，中子星可以在超新星爆发过程中产生。人们也果然在蟹状星云（图 9.3）中发现了一颗脉冲星，它的脉冲周期只有约 33 毫秒，而蟹状星云正是 1054 年由中国（南宋）天文学家首先观察到的超新星爆发留下来的遗迹。

图 9.3 蟹状星云

存在夸克物质组成的恒星吗?

我们知道,质子是由两个 u 和一个 d 夸克组成,中子是由一个 u 和两个 d 夸克组成。在中子星的内部,物质密度可以远比原子核的密度还高得多,那里中子与中子之间可以挤得很紧,以致中子被挤破而形成夸克物质。那么,会不会存在夸克星呢? 如果夸克星的能量比中子星低,那么中子星会转变为夸克星,宇宙中稳定存在的就应当是夸克星而不是中子星。

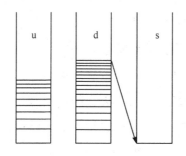

图 9.4　夸克物质能级图

我们不妨考虑一幅夸克物质的能级图,能级愈往上愈密,见图 9.4。按泡利原理,一个能级上只能填两个 u 夸克(一个自旋朝上,一个自旋朝下),u 夸克在它的能级上逐级往上填所能达到的最高能级称为费米能级。d 夸克同样也这么填。由于 d 夸克的数目两倍于 u 夸克,d 夸克的费米能应高于 u 夸克。原来的中子星内不含有 s 夸克,所以在 s 夸克的能级图上是空着的。然而,奇异数在弱作用中可以不守恒。一般情况下,d 夸克的费米能可以高达 600MeV,而 s 夸克的质量仅约为 100~200MeV。因此,过程 u+d↔u+s 可以发生,s 夸克会逐渐增多,直到 s 夸克数量上接近 d 夸克而达到平衡。由于 u 和 d 夸克的质量仅约为若干 MeV,远小于 s 夸克的质量,它们的能级结构略有不同，使得平衡时 3 种夸克数量相近，只是 s 夸克略少一些。就是说，平衡时的夸克物质含有大量 s 夸克，具有很大的奇异量子数。因此，平衡的夸克物质应是奇异物质，夸克星应是奇异星。

十分有趣的是，威顿（E.Witten）以及稍后的法尔希（E.Farhi）和嘉飞（R.L.Jaffe）在 1984 年发表的奠基性论文中指出，在相当宽的量子色动力学（QCD）参数范围内，奇异夸克物质的能量（指每重子的能量）不仅比非奇异夸克物质低，而且也比重子物质（如 ^{56}Fe）低。因此，奇异星的能量应显著低于中子星，即奇异星比中子星更稳定。这个结论使阿尔考克（C.Alcock）等人于 1986 年甚至说：很可能所有已知的中子星其实都是奇异星。

应当注意，与中子星靠万有引力束缚不同，奇异物质的束缚是强作用性质"夸克禁闭"的结果，即使只有几十万个夸克的小块物质（万有引力可忽略）也会有这种性质。所以，稳定的奇异物质不仅可以取代中子星的那块新大陆，而且可以把图 9.1 的极大部分"汪洋大海"填充起来，变成均能稳定的区域。就是说，奇异物质几乎没有任何质量限制，从小颗粒到恒星层次均可存在。当然，质量上限还是有的，太大也不能稳定，会转变为黑洞，那是由引力引起的不稳定。

奇异物质的动力学性质

也在 1984 年，按编辑部收到稿件的日期计，比威顿那篇奠基文章还早约半个月，王青德和陆埮首次研究了带有奇异物质核心的中子星（或奇异星）的动力学行为，指出夸克的非轻子弱过程（u+d↔u+s）对奇异星或带有奇异物质核心的中子星的径向振荡有极为强烈的阻尼作用（该文记为王-陆（84））。1989 年，绍叶尔（R.S.Sawyer）指出，这个性质意味着奇异物质有极强的体黏滞性，比通常中子物质要高出许多个数量级。这是奇异物质最重要的动力学特征。

当一个星体作径向振动时，星体的体积或密度会做周期性的变化，这种变化自然会引起压强做周期性的变化。由于 s 夸克的质量明显比 d 夸克大，在密度变化时，s 和 d 的化学势会有不同的变化。即使原来奇异物质处于平衡态，密度变化也会使之变为不平衡。这时 s 和 d 可以通过奇异数不守恒的弱过程 u+d↔u+s 而相互转化，使过程朝趋向平衡的方向发展。有趣的是，王-陆（84）文证明，这种弱作用过程的速率与奇异星径向振动的速率正好相近，使得弱过程还来不及使偏离平衡的状态达到新的平衡，径向振动又明显改变了物质密度导致新的偏离平衡。这种情况，表现在压强与体积的 $p-v$ 图上（p 是压强，v 是每单位质量物质所对应的体积），前半周期和后半周期不走同一条曲线，就是说，后半周期获得的能量抵不上前半周期损耗的能量，见图9.5。因此，这是一种强烈的耗散过程，导致径向振动的快速衰减。计算表明，一个奇异星的径向振动可以在不足一秒的极短时间内衰减掉。这就是奇异物质中体黏滞性非常大的原因所在。1996 年，戴子高和陆埮进一步考虑了强作用对夸克弱过程的影响，这个影响使低温下的体黏滞性减弱，使高温下的体黏滞性更增强。

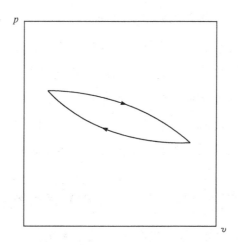

图 9.5 $p-v$ 图

奇异星的自转可以比中子星更快

中子星和奇异星的最直接观测是测量与它们的自转周期相对应的脉冲星的脉冲周期。究竟中子星和奇异星的自转周期有些什么不同呢？1992 年，梅德森（J.Madsen）等比较全面地将王–陆（84）理论用来处理脉冲星的最大自转速率或最短自转周期问题。

如所周知，脉冲星的自转速率受到开普勒（J.Kepler）条件的限制。如果脉冲星自转速率达到开普勒条件，即星体赤道上的速度达到当地的开普勒的轨道速度，物质就要开始被抛离星体。因此，开普勒条件给出了脉冲星自转的极限速率，此时对应的自转周期就是脉冲周期的绝对极小。这个周期决定于星体的质量和赤道半径，因而与星体物态方程密切相关。一般地说，奇异星的半径可以比中子星更小，因而开普勒周期也更短些。但是，对于典型质量（$1.4M_\odot$，这里 $M_\odot$ 为太阳质量，即 $1.988\,9\,(30) \times 10^{30}$ 千克）的脉冲星，中子星和奇异星的半径恰好很接近，从而开普勒周期也很接近。就是说，典型质量的中子星和奇异星几乎具有相同的最快转速或最小周期。然而，由于引力辐射反作用不稳定性的存在，中子星自转的实际最小周期远达不到开普勒周期。值得注意的是，强的黏滞性会有效地阻尼掉这种不稳定性，使奇异星的自转周期可以显著短于中子星的实际极小周期而接近开普勒值。因此，即使对于质量为 $1.4M_\odot$ 的奇异星，强的黏滞性也保证了它可以达到比中子星短得多的自转周期。这是一个有重要观测意义的结果。如果观测到周期非常短（比如在亚毫秒级）的脉冲星，它很可能是奇异星而不是中子星。

一个错误的"发现"促进了奇异星物理的发展

有趣的是，1989 年，克利斯廷（J.A.Kristian）等人在国际刊物《自然》（Nature）上发表了一篇文章，声称在 1989 年 1 月 18 日发现了一颗与超新星 SN1987A 对应的光学脉冲星，其脉冲周期只有约半毫秒，即 0.507 967 7 毫秒。这是首次发现亚毫秒脉冲星。这一发现在天体物理界引起了很大轰动。特别是格伦顿宁（N.K.Glendenning），汉塞耳（P.Haensel）等人通过详细研究，发现用各种已知的中子物态方程均难于解释如此短的周期。这迫使人们打开一扇新的大门，试图用奇异星来解释这个脉冲星。

具有讽刺意味的是，两年后，那颗亚毫秒脉冲星的发现者自己宣布，他们的"发现"是个错误，"0.507 967 7 毫秒"实际上只是他们实验中的电视监测器的一个寄生信号的周期，并不是什么亚毫秒脉冲星!这个错误的"发现"以"正确"的面貌存活了约两年时间，大大激励了奇异物质和奇异星物理的发展。在这期间，这个领域发表了很多重要文章。虽然这个"发现"已经被否定，但是，一方面，这个否定只是否定了他们所"发现"的那颗亚毫秒脉冲星，并不是否定亚毫秒脉冲星的可能存在，另一方面，奇异星毕竟是一个极为重要的基本问题，涉及夸克层次的天体物理，所以，研究奇异星的热情一直有增无减，至今仍然十分活跃。

奇异星比中子星更密、更小?

中子星与奇异星由于物态十分不同，它们的半径与质量的关系也十分不同。图 9.6 显示了这种关系。图的上面部分，划线（破折号）、虚线、实线分别对应于三种不同物态的中子星（压缩系数分别为 $K = 300$、240、210MeV）；而下面部分，虚线、划线、点划线分别对应于三种不同物态的奇异星（相应地 $B^{1/4} = 145$、170、200MeV，其中 B 代表奇异物质的真空能量密度）。十分明显，奇异星和中子星的半径均很小，都是典型的致密星。相对而言，奇异星的半径更小，中子星的半径稍大，两者差别还是明显的。然而，通过密近双星的观测研究，表明这种已观测到的致密星的质量大多在 $1.4M_\odot$左右。

由图 9.6 可以看出，这种质量的中子星和奇异星正好具有相近的半径，难以区分中子星和奇异星。如果能够找到半径很小（比如小于 8 公里）的致密星，那就应当是奇异星了。相反，如果致密星的半径较大，比如大于 13 公里，那就应当是中子星。

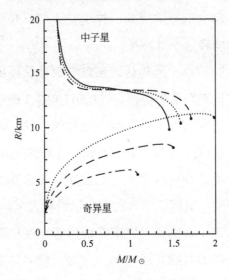

图 9.6　中子星与奇异星的半径与质量的关系

如何观测致密星的半径呢？由于致密星的半径很小，直接观测是很困难的。不过，可以找一些间接的办法来确定它。比如，一颗致密星往往可以有一个吸积盘，就是说，外界物质会落向致密星，它会绕致密星转动而形成盘状。显然，即使是吸积盘的内圈半径，也必须大于致密星半径。因此，吸积盘内圈半径的确定（可以通过周期和磁场信息等量的观测来测定）可以提供限定致密星半径的一个方法。

1999 年，李向东、庞巴奇（I.Bombaci）等人利用新发现的毫秒 X 射线脉冲星 SAX J1808.4–3658 的观测数据，对该脉冲星的半径与质量关系给出了限定，并与各种中子物态和奇异夸克物态能给出的致密星的半径与质量关系进行比较，指出 SAX J1808.4–3658 很可能是一颗奇异星。稍后，他们利用准周期振荡等的观测数据，指出

4U1728–34 也可能是一颗奇异星。

RX J185635–3754 是一颗距离很近的单星致密星,可望给出比较详细的信息。也许从这颗星能比较容易地获悉它是中子星还是奇异星的信息,因而近年来得到了比较广泛的关注。2002 年,德拉克(J.J.Drake)等在一篇论文中说,据强德拉(Chandra)卫星的观测,这颗星的 X 射线谱是约为 $7×10^5$ 度(光子能量约为 60eV)的黑体谱,没有明显的谱线或谱的边缘特征,也没有明显的脉冲特征。它的半径不足 6 公里。很可能这是一颗奇异星。3C58 是古代中国和日本的天文学家在 1181 年观测到的超新星爆发留下的一颗致密星。这颗星很年轻,应当有很热的表面。强德拉卫星对这颗星作了观测,却未能探测到应有的 X 射线辐射。这表明,它的温度在 $1×10^6$ 度以下,远远低于按中子星计算的理论值。因此,3C58 也可能是一颗奇异星。但是,这些结果目前还有分歧。比如,瓦耳特(F.M.Walter)和拉提穆(J.Lattimer)认为,一些数据分析表明,原来关于 RX J185635–3754 的距离可能有近两倍之差,因而星体的半径会增大约一倍,这样,RX J185635–3754 就应当是一颗中子星。

中子星如何向奇异星转变?

如果奇异物质的能态果真低于中子物质,那么,中子物质总会向奇异物质转变(叫相变)。一般地说,中子物质转化为奇异物质是分两个步骤完成的。第一步,中子物质先转化为由 u 和 d 两种夸克组成的正常(非奇异)夸克物质,这是一种强作用过程。第二步,u 和 d 夸克物质再转化为 u、d 和 s 三种夸克组成的奇异夸克物质(因为 s 夸克带有奇异量子数),这是一种奇异数不守恒的弱作用过程。戴子高、陆埮、彭秋和(1993)曾证明,虽然正常夸克物质转变到奇异夸克物质是弱作用,也只需短于 1 微秒的时间就能完成。因此,一旦生成了夸克物质,几乎在瞬间就会相变为奇异物质。至于一个中子星转变为奇异星,戴子高、吴雪君、陆埮(1995)曾提出过一个模式，将中子星分成若干层，中子物质相变为奇异物质的过程从内层逐步向外层扩大。因为内层的密度高，会最先相变为奇异物质。这时，周围的中子向中心奇异夸克物质区扩散并很快也相变为奇异物质。这样，奇异物质区不断扩大，直到整个星体转变为奇异星。按照1987年奥林托（A.V.Olinto）的扩散公式估算，从中子星到奇异星的整个过程约需要十分之几秒到几十秒时间，随着中子物质和奇异物质的不同物态而不同。这是一种慢过程。1988年，豪瓦斯（J.E.Horvath）和本芬努托（O.G.Benvenuto）提出了一种爆轰模式。这时，在相变过程中，不是通过扩散方式，而是通过爆轰方式。这是一种快过程，整个相变将在远小于1秒的时间内完成。

裸 奇 异 星

1986年，阿尔考克（C.Alcock）等人对奇异星的结构和性质进行了比较全面的计算。他们指出，奇异星夸克物质内的作用是强作用，力程很短，只有约1费米（即10^{-13}厘米）量级。就是说，奇异星的表面十分光洁，从核密度陡然下降为0，表面层的厚度也只有约1费米厚。然而，分布在奇异星内的电子没有强作用，只有电磁作用，它们可以延伸到奇异星表面外的远处。这样，奇异星表面处电子略偏少，会略带正电。由于库仑力虽弱却是长程力，电子被吸住而走不远，但至少可以向外扩展几百费米远。因此，这些电子与奇异星表面之间就会存在很强的向外电场。这是一颗裸奇异星，一颗完全由奇异物质组成的星体，它的表面非常光洁，但表面外有一薄薄的电子层，层内有向外的强电场。

早在1975年，鲁德曼（M.A.Ruderman）和苏瑟朗（P.G.Sutherland）就提出过一个模型（简称RS模型），认为辐射是从中子星极冠区经复杂的过程后发射出来的，重要的一点是中子星上正电荷要被牢牢地束缚住，以保证形成强电场的极冠间隙区。实际上，在RS模型中，正电荷被束缚得不够牢。徐仁新、乔国俊、张冰等人注意到裸奇异星具有很强的束缚能力。他们指出，脉冲星很可能就是裸奇异星。他们详细地研究了这种奇异星，得到了一些重要的性质，有助于鉴别中子星和奇异星。

带壳的奇异星

当外界物质（它们是带正电的原子核）被吸积而落向裸奇异星时，就会被强电场挡住而掉不到奇异星上。当吸积物质越来越多时，就会形成一个壳层（核物质），这个壳层与奇异星表面之间有一个不存在夸克和核物质（只存在电场和电子）的间隙。与奇异物质通过强作用的夸克禁闭被束缚住不同，壳层是被奇异星的万有引力束缚住的。这时，奇异星将由奇异夸克核心与核物质壳层组成，其间是一个约为几百费米的间隙，这是带壳层的奇异星，见图9.7。宇宙间存在的究竟是裸奇异星还是带壳层的奇异星，要视具体的吸积条件而定。

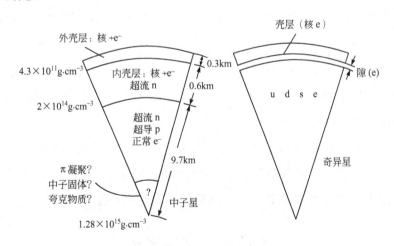

图 9.7　中子星和奇异星的结构

壳层会随着吸积而越来越厚，同时壳层底部的密度也越来越大。随着密度的增大，相应电子的密度也增大，使原子核内的质子更容易俘获电子而转变为中子。这样，原子核内的中子数越来越多，直到中子太多而开始从原子核内滴出，这时的密度称为中子滴出密度，约为 $\rho_{drip} \approx 4.3 \times 10^{11} \mathrm{g \cdot cm^{-3}}$。滴出的中子不带电，它们不受间隙层中电场的阻挡而会直接落到奇异核心上并立即夸克化为奇异物质。这时的壳层厚度达到饱和，进一步的吸积将直接转化为奇异核心物质的增加，不再会增加壳层厚度。

为与中子星作比较，让我们先讨论一下中子星的结构。由于万有引力的作用，中子星内部的密度可以高达 10^{15} 克/厘米^3 以上，向外逐渐降低，直到中子星表面处密度降为 0。大体上说，从表面到中心区，中子星可分为 4 个区域，见图 9.7。最外部，从表面到中子滴出密度的区域称为外壳层，约 300 米厚，外壳层内主要是原子核和电子；从中子滴出密度到核密度（$\rho_{nucl} \approx 2.8 \times 10^{14}$ 克/厘米^3）的区域称为内壳层，约 600 米厚，内壳层内除了原子核和电子外，还有处于超流状态的中子；再往内从核密度到约 10^{15} 克/厘米^3 是中子星的主体，其内是正常状态的电子、超流状态的中子和超导状态的质子；密度在 10^{15} 克/厘米^3 以上的中子星的中心区域尚不甚清楚，有可能是夸克物质。由此可见，奇异星的壳层几乎与中子星的外壳层完全一样。人们观测到的辐射总是直接来自外壳层以及直接受外壳层影响的临近空间。因此，奇异星与中子星的辐射性质十分类似，要在观测上直接区分它们非常困难。

要分辨奇异星与中子星，必须考虑星体内部结构的影响。1997年，格伦顿宁，裴寿镛和韦伯（F.Weber）研究了转动星体的自转减速行为，它可以揭示星体自转减慢时内部结构的改变。

奇异星与奇异矮星

美国的格伦顿宁小组详细研究了壳层与奇异核心之间的关系。他们不仅研究了与中子星相对应的奇异星，而且也研究了与白矮星相对应的奇异矮星。

考虑一颗带壳层的奇异星。如果减少奇异核心的质量，它对壳层的引力就减小，壳层密度也减小，容许壳层继续吸积增厚。
这样就可以得到各种质量不同的奇异核心和壳层的星体。对于由
非常小的奇异核心和非常大的壳层组成的"奇异星"，它其实是
类似于白矮星的"奇异星"，可以称之为奇异矮星。这样，格伦
顿宁小组给出了从与中子星对应的奇异星到与白矮星对应的奇异
矮星整个系列的结构。有趣的是，由于中子滴出密度远远高于通
常白矮星内密度，只要核心处还有一点奇异物质，壳层底部的密
度就可以远高于通常白矮星内密度。因此，对应于一颗通常白矮
星，还可以有另一种同质量的"奇异矮星"，其核心因为有少量
奇异物质存在而密度可以高达中子滴出密度，只是半径略小些。
这是一种新型的矮星。

不过，通常所说的奇异星是指与中子星相对应的奇异星。

奇异星的热效应

由于奇异星比中子星有更强的中微子发射能力，奇异星会冷却
得更快些。这就是说，对于同样年龄的奇异星和中子星，奇异星的
温度会比中子星更低些。这也是一个重要的观测效应。特别对于比较
年轻的星，这个效应更显著。皮索凯洛（P.M.Pizzochero，1991），戴
子高和陆埮（1994）等曾研究过奇异星的冷却问题，指出约在 $1\sim10^5$
年内奇异星的表面温度会明显低于中子星。因为不同的表面温度会
有不同的 X 射线辐射，而这是可以通过 X 射线天文卫星进行观测的。
据 ROSAT 卫星的观测数据，PSR0656+14 的表面温度比中子星的理
论计算值低得多，会不会意味着它是一颗奇异星？ 值得注意的是，
这个冷却问题还远没有解决。沙勃（C.Schaab）等（1997）指出，导
致中微子发射的直接 URCA 过程不仅在中子星情形禁戒，而且在奇
异星情形也可能禁戒，这时奇异星的冷却也将很慢，与中子星相仿。
因此，星体表面温度的观测并不易区分奇异星与中子星。沙勃等
（1997）还指出，只有年龄小于 30 年的奇异星，其冷却才会比中子

星快得多。袁业飞和张家铝（1999）研究了新生快速旋转奇异星的冷却过程，提出了一种新的加热机制而不是冷却机制，使早期奇异星的表面温度可能高于中子星的表面温度，使情况更为复杂。

相变与爆发过程

中子物质转变为奇异物质的相变会放出大量能量（每个重子的相变可放出 20～30MeV 的能量），而且相变的时间又往往很短，它很可能会与爆发现象密切相关。

奇异化相变过程对超新星爆发本身的重要性也引起了人们的兴趣（戴子高、彭秋和、陆埮，1994，1995）。超新星的爆发机制是没有很好解决的一个重要问题。超新星爆发要求有中微子加热机制（即所谓的"延迟爆发机制"），通常中子星的形成过程达不到这个要求。根泰尔（N.A.Gentile）等研究了从核物质到夸克物质的相变对超新星爆发的影响（1993），但他们只研究了相变到只含 u 和 d 二味夸克（非奇异）的过程。戴、彭和陆进一步研究了二味到三味夸克物质（奇异）的相变。这种相变时标极短，< 0.1 微秒。特别重要的是，在这相变过程中超新星的中心温度和核区的中微子总能量明显增大，对中微子加热机制起了重要作用，十分有利于增加超新星爆发成功的机会。

γ 射线暴（简称伽玛暴）是宇宙间最猛烈的一种爆发，也是天体物理中最神秘的一个现象。它发生在宇宙学距离上，即大多发生在宇宙的"边缘"，离地球非常遥远。这个现象大体可描述为：一颗致密星的小范围内在若干秒钟的时间内放出了高达 10^{52} 尔格甚至更高的能量，这个能量很快转化为以非常接近光速（达 0.999 9 光速以上）的速度膨胀的火球的动能，当火球与其他物质碰撞时会产生激波并加速电子而将能量辐射出去。为了保证膨胀速度达到 0.999 9 光速以上，携带能量的载体（即火球物质）所含重子必须很少。携带的能量又要很大，所含的重子物质又要很少，这是一个很大的问题。极大部分的模型所含重子总是过多。因此，"重子污染"成为伽马暴能源模型的著名难题。郑广生、戴子高（1996）和戴子高、陆埮（1998）提出了一个模型，将中子星转化为奇异星的相变作为伽马暴的能源机制。由于奇异星内没有重子，全部重子只存在于壳层中，而壳层本身质量很小，因此，这个模型可自然避免重子污染。

软伽马射线重复暴（简称软重暴）是区别于伽马暴的另一种暴。这种暴的伽马射线比较软（即光子能量比较低），它会重复发生，大多发生在银河系内。这种暴放出的能量远比伽马暴低得多。郑广生、戴子高（1998）指出，这种暴很可能来源于一颗奇异星，一颗年轻的、磁场很强的、具有超导核心的奇异星。随着奇异星自转减慢，涡旋线就会外移而拖动磁通量管。因为磁通量管是与奇异星壳层作用着的，它被拖动会使壳层破裂而有一部分掉入奇异核心，随即相变而放出能量。这个机制可以解释软伽马射线重复暴。

1995 年 12 月，美国康普顿卫星上的仪器 BATSE 在银心附近观测到一个硬 X 射线暴 GRO J1744–28，离地球的距离约为 25 000 光年，平均峰值光度约为 2×10^{38} 尔格/秒。这是一个很特别的爆发现象，既是暴，又是脉冲星。光子能量在几十 keV 的范围。暴的持续时间约为 10 秒。这是一种重复性的爆发现象。开始时暴与暴之间的间隔约为 200 秒，后来变为大约一天 40 次。这是双星脉冲星，脉冲周期为 0.467 秒，轨道周期为 11.8 天。郑广生、戴子高、韦大明、陆埮（1998）提出，这个硬 X 射线暴也很可能来源于一颗奇异星，一颗偶极磁场小于 10^{11} 高斯[①]的双星奇异星。当它从低质量伴星吸积物质超过临界质量时，其极冠区壳层会破裂，吸积物质就会掉入奇异星，随即发生相变而放出能量，最后转化为 X 射线暴。壳层破裂区的辐射随着奇异星的自转就会呈现出脉冲现象。因此，可以解释它的既是暴又是脉冲星的性质。

---

① 磁感应强度单位，1 高斯=10^{-4}特。

宇宙演化中的夸克

上面所讨论的是恒星层次的致密状态，即致密星。这是夸克物质可能起作用的最主要的情形。我们知道，整个宇宙是在大爆炸中诞生的。刚诞生时宇宙处于高温、高密状态，粒子能量很高。随着宇宙的膨胀，温度下降，密度降低，粒子能量变小。直至今天，宇宙的温度已经降到约绝对温度 3 度，密度已经极低。就是说，在宇宙演化过程中，无论温度还是密度，都经历过从高到低的变化。因此，宇宙[①]曾经有一个阶段夸克物质起过作用。这是宇宙极早期短暂时间内的事。随着宇宙的膨胀，夸克很快组合成强子。本书作者之一（陆埮）曾写过一书《宇宙——物理学的最大研究对象》（湖南教育出版社），可以参考，此处不再展开讨论。

---

① 参见《宇宙——物理学的最大研究对象》，陆埮著，湖南教育出版社，1996 年版。

后　记

　　1978 年 8 月，在庐山迎来了物理学会年会的召开，这是中断了 15 年后的一次年会，也是"文化大革命"后全国第一个大型学术性会议的举行。会议期间，在中国物理学会和科学出版社的共同组织下，成立了"物理学基础知识丛书"编委会。经过会前会上的反复讨论，确定了丛书编写的宗旨是以高级科普的形式介绍现代物理学的基础知识以及物理学的最新发展，要求题材新颖、风格多样，以说透物理意义为主，少用数学公式；文风上要求做到深入浅出、引人入胜，文中配置情景漫画插图。供具有大学理工科（至少具有高中以上）文化程度的读者阅读。

　　编委会还进行了选题规划、讨论了作者人选并明确了责任编委负责制等许多重大议题，为丛书的系统运作形成了一个正确可行的模式。

　　在此以后的几年中（20 世纪 80 年代），经过编委会、作者及出版社的努力丛书共出版了 19 种。到了 90 年代，丛书又列选了一批优秀物理学家的作品，但由于种种原因，大部分未能按计划交稿出版，如《四种相互作用》、《加速器》、《波和粒子》、《宇宙线》、《表面物理》、《表面声波》等。1992 年，为纪念物理学会成立 60 周年，我们第二次组织丛书编委会，将丛书中获中国物理学会优秀科普书奖的几种和新版的几种整合了 10 个品种，仍以"物理学基础知识丛书"的名义出版，使它得到了一个小小的复苏。因此，1978～1992 年间两次出版的"物理学基础知识丛书"共计 22 种。

　　"物理学基础知识丛书"在中外物理界产生了很好的影响。整套丛书获物理学会优秀科普丛书奖，其中 8 种获优秀科普书奖；《从牛顿定律到爱因斯坦相对论》、《漫谈物理学和计算机》、《宇宙的创生》三书有繁体字版；《宇宙的创生》有英文和法文版；《漫谈物理学和计算机》获全国第三届科普优秀图书一等奖。有些书、有些章节已成为年轻学子心中的经典。

它的成绩是与许多物理界的人紧密相关的。严济慈、钱三强、陆学善、钱临照、周培源、谢希德等老一辈物理学家对这套书，从多方面进行了支持。忘不了陆学善老先生在 1978 年暑热的天气，颤颤巍巍地拄着拐杖从家中走到物理所开会的情景，始终记得他曾说过的一句话：“不要用我们已有的知识去轻易否定我们未知的东西。”

“物理学基础知识丛书”的编委和作者是一支十分杰出的队伍。记得一次物理学会的常务理事会在物理所举行工作会议，会上，物理学会要成立“科普委员会”，在讨论人选时，王竹溪先生指着“物理学基础知识丛书”编委会的名单说：“这些人组成科普委员会正好。”之后，果真物理学会科普委员会的大部分成员都是“物理学基础知识丛书”编委会的编委，而主编褚圣麟成为第一届科普委员会的主任。“物理学基础知识丛书”的编委和作者前后约 50 余人，粗略统计一下，其中学部委员（院士）7 人，大学校长 3 人，科学院级所长 2 人，大学物理系主任 5 名，副主编吴家玮和《超流体》的作者是美籍华人。编委或作者，他们所作的工作都是艰苦的。编委亲自推荐作者、参与组稿、和作者一起讨论撰稿提纲，每位编委都要专门负责几部书稿，详细审查书稿，写下书面审稿意见，跟作者面对面地讨论书稿。丛书的副主编吴家玮虽然人在国外，但工作却是认真又出色，他在美国华人物理学家里为丛书组稿，他作为责任编委对自己负责的稿件《超导体》所写的几次审稿意见就达一万多字。副主编汪容承担了当时丛书进展的主要环节，他策划选题、物色作者，带着编辑组稿，真是全身心地投入。20 世纪 80 年代，几乎每一次全国性大型物理学会议的间隙和晚上都是我们编委会的编务工作之时。值得提及的是，编委们所做的这些工作都是没有报酬的，那时也没有人有过意见，尽管要耗费许多精力和时间，他们仍是任劳任怨、乐此不疲。当时学术界对做科普甚至是蔑视的。物理学家李荫远先生在 1988 年为《相变和临界现象》写过一份评奖的推荐就是佐证：

"……该书为精心撰写的入门性著作，又是高级科普读物，同类型的在国际出版界实不多见。因为，写这样的书下笔前要在大量的文献中斟酌取舍，下笔时为读者设想，行文又要推敲，很费时间；同时还不能算作自己的研究成果，我认为对这样的书写得好的应予以嘉奖。"

"科普著作不算研究成果"这是人所共知的。丛书中有几位学部委员接受了我们的约稿，那是他们自己对写科普有兴趣有能力，他们并不介意算不算成绩。但是，"不算成绩"对大部分编委和作者的确是形成了压力造成了障碍的。

对作者而言，写出一部高级科普并不比写一部专著更省力。那时编委会做出了一个不成文的规定，就是每部书稿成文之前，务必要有一个表现过程，最好是到读者对象——理科大学生中间去讲一讲，以此来了解读者的需要，检验内容的深浅。这样一来，我们的作者，在大学的讲台上，在国内的讲学过程中，在出国进行学术交流活动中，都完全地将自己要完成的科普著作与科研教学工作联系起来了。

作为责任编辑，我有幸参与了"物理学基础知识丛书"多次的"表现过程"。我曾聆听过许多作者和编委对他们书稿的诠释。几十年来的愉快合作，我和他们中的许多人成了相知相敬的好朋友，使我终身受益无穷。当丛书的发展受阻，我面临重重困难失去信心时，总有他们的帮助和鼓励，这才有了 1992 年"物理学基础知识丛书"第二次 10 本的推出。

20 世纪 90 年代后期，国内许多出版社大量翻译引进国外系列高级科普读物，科学院对科普读物的重视程度也不可同日而语了。在一些传媒举行的著名科学家座谈会上，百名科学家推荐的优秀科普读物中，"物理学基础知识丛书"中的多种跃然纸上……今天，重视科普的大环境，又让老树开出了新花，"物理学基础知识丛书"中 5 种得以修订再版。我们也期待着丛书中其他同样优秀、值得再版的书早日与读者见面。

20 几年过去，科学和技术翻天覆地地改变了世界，信息世界中有了计算机，丛书中《漫谈物理学和计算机》中的许多预言都已变成了现实。一些关注"物理学基础知识丛书"的老一辈物理学家已永远离开了我们，当年"物理学基础知识丛书"的作者和编委，现在大都还奋战在物理学前线或以物理为基础进军高科技研究。借 2005 世界物理年的契机，我们将新的丛书名定为"物理改变世界"。自 1905 年至今，爱因斯坦所做出的理论和物理学的其他成就，无疑已经彻底改变了人类的生产和生活，改变了整个世界。推出这套书是对世界物理年全球纪念活动的积极响应，也是"物理学基础知识丛书"全体编委和作者合作推动我国科普事业而进行的又一次奉献！我们希望这套书能在唤起公众对物理的热情上起到一点作用，并以此呼唤、回答和感谢"物理学基础知识丛书"的所有编委和作者，期望"物理改变世界"能得到延续和发展。

姜淑华

2005 年 5 月 4 日

附:

"物理学基础知识丛书"

1981～1989年出版19种（按出版时间次序排列）

1. 从牛顿定律到爱因斯坦相对论　2. 受控核聚变
3. 超导体　4. 超流体
5. 等离子体物理　6. 环境声学
7. 相变和临界现象　8. 物态
9. 从电子到夸克——粒子物理　10. 原子核
11. 能　12. 从法拉第到麦克斯韦
13. 半导体　14. 从波动光学到信息光学
15. 共振　16. 神秘的宇宙
17. 宇宙的创生　18. 漫谈物理学和计算机
19. 物理实验史话

"物理学基础知识丛书"编委会

主　编　褚圣麟
副主编　马大猷　王治梁　周世勋　吴家玮(美)　汪　容
编　委　王殖东　陆　埮　陈佳圭　李国栋　汪世清　赵凯华
　　　　赵静安　俞文海　钱　玄　薛丕友　潘桢镛

"物理学基础知识丛书"再版

1992年庆祝物理学会成立60周年再版7种、新版3种，共10种

1. 超导体
2. 环境声学
3. 相变和临界现象
4. 物态
5. 从电子到夸克——粒子物理
6. 从法拉第到麦克斯韦
7. 从波动光学到信息光学
8. 漫谈物理学和计算机
9. 晶体世界
10. 熵

"物理学基础知识丛书"第二届编委会

主　编　马大猷

副主编　吴家玮(美)　　汪　容

编　委　王殖东　陆　埮　冯　端　杜东生　陈佳圭　赵凯华
　　　　赵静安　俞文海　潘桢镛　张元仲　姜淑华

"物理改变世界"

2005年为世界物理年而出版

数字文明：物理学和计算机　　郝柏林　张淑誉　著
边缘奇迹：相变和临界现象　　于　渌　郝柏林　陈晓松　著
物质探微：从电子到夸克　　　陆　埮　罗辽复　著
超越自由：神奇的超导体　　　章立源　著
溯源探幽：熵的世界　　　　　冯　端　冯少彤　著